U0338199

湖北省学术著作出版专项资金资助项目
新材料科学与技术丛书

高性能伸缩缝密封材料的制备、性能及应用研究

刘杰胜　著

武汉理工大学出版社
·武 汉·

内 容 简 介

本书对传统密封材料失效的原因进行了分析，提出了一种以耐候、耐久性优良的有机硅材料为主材，通过添加各种助剂制备高性能硅橡胶伸缩缝密封材料的方法，系统介绍了高性能硅橡胶密封材料的制备过程、性能分析方法及应用施工工艺。

本书主要内容包括：围绕原材料优选和制备工艺优化，对高性能硅橡胶密封材料制备过程进行阐述，描述了各种助剂对高性能硅橡胶密封材料基本性能的影响规律；重点阐述了填料与硅橡胶密封材料的相互作用和填料改性机理，并建立了改性填料模型；系统探讨了所制备的高性能伸缩缝密封材料的抗渗性、力学性能、化学稳定性、疲劳特性、冻融循环稳定性、温度稳定性等性能，建立了其性能评价指标体系；围绕硅橡胶与基材界面作用，给出了硅橡胶密封材料与无机基材之间的作用力类型，阐明了硅橡胶密封材料与无机基材间的作用机理和界面状态对黏结强度的影响规律；结合硅橡胶的性能特点，将硅橡胶用于水工建筑物伸缩缝密封止水、水泥混凝土道路伸缩缝密封及沥青混凝土路面裂缝养护，并提出了相应的施工工艺和规范。

本书可为从事相关产业的生产企业人员、科研研究人员和施工人员提供参考，也可作为研究生学习密封材料制备、性能测试与分析的参考资料。

图书在版编目(CIP)数据

高性能伸缩缝密封材料的制备、性能及应用研究/刘杰胜著. —武汉:武汉理工大学出版社,2017.10

(新材料科学与技术丛书)

ISBN 978-7-5629-5500-9

Ⅰ.①高… Ⅱ.①刘… Ⅲ.①硅橡胶—密封材料—研究 Ⅳ.①TQ333.93

中国版本图书馆 CIP 数据核字(2017)第 127149 号

项目负责人:李兰英		责任编辑:李兰英	
责 任 校 对:李正五		封面设计:匠心文化	
出 版 发 行:武汉理工大学出版社		邮　编:430070	
网　　　址:http://www.wutp.com.cn		经　销:各地新华书店	
印　　　刷:荆州市鸿盛印务有限公司		开　本:710mm×1000mm　1/16	
印　　　张:10.25		字　数:143 千字	
版　　　次:2017 年 10 月第 1 版			
印　　　次:2017 年 10 月第 1 次印刷			
定　　　价:79.00 元			

前　　言

　　建筑密封材料是指嵌入建筑接缝中,能承受接缝位移,阻隔气体、液体、灰尘侵蚀从而达到密封作用的材料,它被广泛地用于公路、铁路、水利、房屋建筑等工程中,具有广阔的应用前景。我国密封材料种类很多,但传统密封材料普遍存在着耐候、耐久性较差和施工工艺复杂等问题。对于各类建筑密封材料,我国已建立了相应国家标准和测试方法。国内外文章也曾报道很多密封材料方面新的研究进展,但都比较分散且各有侧重点,一些新颖的观点尚未反映在研究成果中。编著一本内容新颖并具有理论意义和工程背景的高性能伸缩缝密封材料方面的专著,是笔者多年的梦想,因水平及能力所限,殷切希望得到读者的批评指正。

　　本书的内容多为笔者近年来发表的一些研究和学习心得以及指导研究生的成果,并吸收了国内外同行的最新研究成果。本书可作为工程技术人员及高校学生的参考书。在本书的形成过程中,笔者曾得到两位导师——湖北大学黄世强教授和武汉理工大学吴少鹏教授的悉心指导和帮助;在高性能伸缩缝密封材料试验方面,笔者曾请教过湖北大学孙争光教授、朱杰高级实验师,华中师范大学李盛彪教授,三位老师还热情提供了他们的科研资料;在高性能密封材料制备和施工工艺方面曾得到湖北环宇化工有限公司技术人员和现场施工人员的鼎力支持,武汉轻工大学的董莪、张传成等同事也给予了笔者不少帮助,笔者在此向他们表示深深的感谢。

刘杰胜

2017 年 3 月

目　　录

1 绪　　论

1.1　研究背景和意义

1.1.1　伸缩缝设置的重要意义

伸缩缝是建筑物的一个重要组成部分,它设置的主要目的是适应由温度变化及地基不均匀沉陷等引起的变形[1-5],特别是对于水泥混凝土建筑物,设置伸缩缝就显得更重要了。水泥混凝土等在硬化过程中会产生一定的收缩变形,水化放热会致温度升高,在环境温度变化及外力作用下,板块内部会产生应力而造成板的破坏。为了避免这些问题的出现,在水泥混凝土建筑物间每隔一定距离预设接缝,使得混凝土板能自由胀缩,从而有效减小因温度变化、外力作用而产生的板内部应力,避免板的破坏。因此,建筑物伸缩缝的设置对于保证建筑物的结构安全,具有十分重要的意义。

1.1.2　伸缩缝的设计

伸缩缝的设计对保证建筑物的安全十分关键。对其进行设计时应结合所使用的密封材料性能,考虑其允许的伸缩幅度能否与建筑物接缝的张量与合量相适应。在影响伸缩缝位移变形的各因素中,首先应考虑的是由温度变化引起的建筑物膨胀、收缩造成的接缝张与合的幅度。接缝的张合幅度即密封材料需满足的伸缩量,可以通过式(1-1)来计算[6-9]:

$$\Delta L = L \times \alpha \times \Delta T \qquad (1-1)$$

式中　　L——建筑物构件的计算长度(m);

　　　　α——材料的线膨胀系数(K^{-1});

　　　　ΔT——全年最大气候温差(K),即 $T_{max} - T_{min}$;

　　　　ΔL——由温度变化引起的建筑物构件的伸缩量(cm)。

1.1.3　伸缩缝密封材料的重要性

伸缩缝既是建筑物的一个重要组成部分,也是一个薄弱环节,极易受到外界作用而损坏,而接缝的损坏又以填缝密封材料的损坏为主[10]。填缝密封材料的破坏主要表现为密封材料破损、填缝料与混凝土壁剥离及填缝料挤出、老化等,其结果是密封材料不能有效地起到密封防水的作用,雨水、雪水会通过缝隙进入建筑物内部,破坏建筑物内部结构,降低承载能力,最终导致建筑物的损坏,对于水工建筑物来说,密封材料的破坏还会造成水资源的损失。在北方寒冷地区,甚至会发生由于地基土冻胀而引起的冻胀破坏[11-13]。

伸缩缝密封材料是指在建筑施工过程中不可缺少的,专门用于处理建筑物的各种缝隙并进行填充,且与缝隙表面能很好地形成一体,实现缝隙良好密封的一类材料[14-15]。国外一些发达国家非常重视建筑物伸缩缝密封的质量,他们认为加大密封止水材料的投资是十分值得的。以美国、日本等发达国家为例,其接缝密封材料及接缝密封材料施工的费用一般达到整个建筑密封防渗工程总造价的30%之多。而我国在此方面的投资尚不足 8%,且存在施工标准偏低、工程寿命较短等问题[16-18]。

在建筑物密封材料,特别是水工混凝土建筑物伸缩缝密封止水材料采用方面,美国多采用弹性人造橡胶、聚氯乙烯止水带作为水工建筑物伸缩缝止水材料。日本则多采用止水板(即橡胶止水带)、沥青、沥青玛琋脂及弹性玛琋脂或密封胶[19]。我国以往在止水材料方面投资较少,水工建筑物伸缩缝一般多采用沥青砂浆、油毡、聚氯乙烯油膏等作为止水材料,但存在材料性能参差不齐、施工技术复杂等问题,没有很好地解决密封材料在应用中的问题。因此,进行新型接缝材料的研究、转化、推广具有极其重要的意义。

1.1.4 密封材料种类

金属、橡胶、塑料、填缝密封胶等是目前建筑物伸缩缝应用较多的几种密封材料。下面将围绕着各种伸缩缝密封材料的特点,分别介绍它们各自的性能及在建筑工程上的应用。

1. 金属类止水材料

金属类密封材料常用于水工建筑物伸缩缝密封止水,其种类主要包括紫铜类、不锈钢类及金属镀制品类。其中,紫铜类和不锈钢类止水材料在各种接缝中得到了广泛应用,特别是在水工建筑工程上应用较多,如大坝、涵闸、渡槽等[20-21]。

(1) 紫铜类止水材料

紫铜类止水材料按材质来分,一般分为软铜、硬铜、半硬铜等种类。硬铜和半硬铜在使用前需在 $300 \sim 400\ ℃$ 高温下进行退火处理,但仍无法有效地消除应力,同时还会造成温度应力集中和铜片氧化,因此,在工程中应用较少。软铜类止水材料因其所具有的伸长率较大、能够较好地适应变形、在加工成型时不易发生破坏等优点,在伸缩缝接缝密封中应用得较多。目前,紫铜类止水材料在伸缩缝止水应用中,出现了"F"型、"W"型、"Ω"型铜止水带。《水工建筑物止水带技术规范》(DL/T 5215—2005)中指出:作为止水带,铜片止水材料的伸长率应不小于 20%[22]。

(2) 不锈钢类止水材料

不锈钢类止水材料的伸长率虽然与紫铜类止水材料的伸长率相当,但其刚性相对紫铜类止水材料的刚性较大。当受到外界作用而发生位移变形时,不锈钢类止水材料将能承受更大的应力。不锈钢类止水材料因焊接工艺比较复杂,故一般多用于需要与预埋钢构件连接的止水部位[23]。

不锈钢类止水材料具有较好的韧性和较高的强度,目前市场上已出现的产品有"W"型、"F"型和"波纹"型等不锈钢止水带[24]。《水工建筑物止水带技术规范》(DL/T 5215—2005)中规定：不锈钢止水带的抗拉强度应不小于205 MPa,伸长率应不小于35%。

以上各类金属密封止水材料均具有一定的抗腐蚀能力,强度较高,但仍存在与混凝土咬合性较差、成本较高、需运用热施工、操作较复杂等问题。

金属类止水材料在应用时,一般与其他止水材料一起配合使用。在水坝、涵闸等伸缩缝密封止水应用时,一般选用两层或三层的止水结构型式,金属类止水材料一般是用作紧靠迎水面的底层[25-27]。

2.橡胶类、塑料类止水材料

(1)橡胶类止水材料

橡胶类止水材料根据材质,可分为天然橡胶止水材料和合成橡胶止水材料两大类。天然橡胶是指从天然产胶植物中制取的橡胶,而合成橡胶是一种由人工合成的高弹性聚合物,也称合成弹性体。合成橡胶主要包括氯丁橡胶、三元乙丙橡胶、丁腈橡胶等种类。各种橡胶种类及性能如下[28-31]：

① 天然橡胶

具有优异的弹性、良好的加工性,但抗臭氧能力不足,暴露在空气中或长期经受阳光照射时易老化,适用温度范围一般为－35～60 ℃。

② 氯丁橡胶

为一种性能优良的通用橡胶,具有较好的气密性、阻燃性和耐化学腐蚀性,适用温度范围一般为－25～60 ℃。

③ 三元乙丙橡胶

为常用的止水板材,是一种多孔的弹性橡胶。具有优异耐臭氧性,抗酸、碱腐蚀性及优良电绝缘性,适用温度范围一般为－40～60 ℃。其最突出的性能是耐高压、耐蒸汽。

④ 丁腈橡胶

该种材料因含有极性腈基,对非极性或弱极性的矿物油、动植物油、液体燃料和溶剂等有较高的稳定性。其最大优点是耐油性较好、耐磨损。另外,耐热性也较优,可在 120 ℃高温下长期使用。

上述橡胶种类是橡胶止水带常用的几种基材,主要应用在渡槽、水坝、涵闸等水工建筑物伸缩缝密封止水上,其主要防水机理是利用橡胶的弹性密封止水,因而止水材料需具有很好的弹性和延伸性。但由于自身为非极性材料,较难与混凝土表面牢固黏结,且若使用时间长久的话,会发生橡胶材质老化,在应用中不能适应大的变形缝设计,施工时易产生止水带扭曲、损坏的问题,从而造成绕渗,影响密封止水效果。因此,这类密封材料一般适用于伸缩缝位移变形要求不太高的水工建筑物伸缩缝止水等。

(2)塑料类止水材料

目前市场上塑料类止水材料主要包括 PVC(聚氯乙烯)止水带、塑料油膏类密封材料等几个品种[32-33]。

PVC 止水带是由聚氯乙烯树脂与各种助剂经混合、造粒、挤出等工序而制成的一种 PVC 塑料密封材料。PVC 止水带所用的橡塑材料是既具有橡胶弹性,又有塑料可塑性的高分子合成材料。其主要作用机理是利用弹性体材料具有的弹性变形特性,在建筑物伸缩缝中起到防漏、防渗作用。PVC 塑料止水带具有一定的耐腐蚀和抗渗性能,但 PVC 止水带长期暴露在空气中或经受阳光照射时容易发生老化,耐低温性能较差,当温度低至 −6 ℃时,PVC 会变脆,在受到拉伸时容易发生断裂,造成止水失效。使用时,需加强施工期间的保护,防止长时间阳光或紫外线照射,它主要应用在非寒冷地区阳光不能直接照射的建筑物工程(如隧道、涵洞、引水渡槽、拦水坝、贮液构筑物、地下设施等)中。

目前,市场上出现了一种 PVC 改性产品——H_2-86 型塑料止水带。其主要特点是具有较高的抗拉强度,伸长率较大,硬度较大,脆性温度为 −46.9 ℃,耐寒性好,吸水率低。另外,还可把聚氯乙烯加工成具有良好耐候性、耐臭氧和耐热老化性,价格便宜的土工膜防水卷材,但其最大缺点是与混凝土的胶结强度不高,一般需采用适当的胶黏剂来达到与混凝土的良好黏合。

　　塑料油膏类和聚氯乙烯胶泥类止水材料一般是由煤焦油、聚氯乙烯或聚乙烯塑料、溶剂与填料制备的一种弹性膏状物质。它具有黏着力强、弹性好、耐腐蚀、老化缓慢、冷施工、价格较低等特点,但由于该止水材料在冬季无弹性,与混凝土黏结不好,因此目前在大型水工建筑物伸缩缝止水中已很少采用。

　　3. 密封胶类材料

　　按照行业规范,密封胶一般可分为三个档次[34]:低档的密封胶,主要包括聚氯乙烯、改性沥青等;中档密封胶,主要包括丙烯酸酯、氯磺化聚乙烯等;高档的密封胶,主要包括聚硫、有机硅、聚氨酯等。低档密封胶由于耐久性较差,难以在剧烈变化的恶劣环境中应用,目前已较少采用。中档密封胶存在柔韧性较差,无法适应大幅度的变形等问题,如果将其制成柔软性品级,又失去了优良的黏结性能,因此也逐渐被新型密封材料所取代。高档密封胶一般为室温硫化型,它们一般具有优良的力学性能,与中、低档密封胶相比,其耐久性有了很大程度的改善。下面将围绕高档密封胶,详细地介绍其分类、机理、特点及应用。

　　(1) 聚硫密封胶

　　按组分来分,聚硫密封胶一般可分为单组分聚硫密封胶和双组分聚硫密封胶[35]。在未固化前,聚硫橡胶是以液态形式存在的。液态聚硫橡胶只有在固化剂(硫化剂)的作用下才能制成固态的密封胶,其反应机理是固化剂与活泼硫醇端基发生反应而使液态的多硫聚合物转变为弹性体。过氧化钙是单组分聚硫密封胶常用的一种固化剂,其主要反应机理是过氧化钙吸收空气中的水分,放出的活性氧和硫醇基反应,从而达到固化目的[36]。其反应机理如下:

$$CaO_2 + H_2O \longrightarrow Ca(OH)_2 + [O]$$
$$2R-SH + [O] \longrightarrow R-S-S-R + H_2O$$

　　活性二氧化锰是双组分聚硫密封胶最常用的固化剂,也有使用过氧化锌、过氧化铅等作为双组分聚硫密封胶的固化剂[37]。

　　双组分聚硫密封胶的制备反应机理如下所示:

$$2R\!-\!SH+MnO_2 \longrightarrow R\!-\!S\!-\!S\!-\!R+MnO+H_2O$$

聚硫密封胶具有较高的抗拉强度和黏结强度,并且面对燃油、液压油、水和各种化学药品时稳定性好,其适用温度范围为$-55\sim120\ ^\circ C$,目前已逐渐取代了其他传统密封材料,被广泛用于土木建筑、汽车制造等行业中的水泥接缝、玻璃幕墙、铝合金门窗等的黏结密封[38]。

(2) 有机硅密封胶

有机硅密封胶是近年来应用较广的一类密封材料[39]。有机硅密封胶的生胶是以 Si—O 单元为主链,由硅-氧原子交替排列而成的线性聚合物。在催化剂的作用下,生胶通过与加入的交联剂反应而生成了具有一定弹性的弹性体。有机硅密封胶最大的优点是具有卓越的耐候性,优异的耐高温性、耐低温性,良好的耐水、耐久性及回弹性,在各种建筑的玻璃幕墙、玻璃门窗的安装密封,室内卫生洁具以及电子产品的黏结密封中得到了广泛应用[40]。

(3) 聚氨酯密封胶

聚氨酯密封胶的原材料主要由有机异氰酸酯与端羟基有机化合物所组成。按组分来分,它也可分为单组分和双组分。单组分聚氨酯的固化是以异氰酸酯基(—NCO)和水的反应为基础,相当于湿固化反应。双组分反应型聚氨酯的反应机理是—NCO 和活性—OH发生反应而交联[41]。双组分反应型聚氨酯密封胶的甲组分一般称为基剂,它是含有一定量活性异氰酸酯基的预聚物。乙组分一般是含有一定量活性羟基的化合物,也称为固化剂。在使用时,只需将一定比例的甲乙两组分按一定比例充分混合,采用适当的施工工艺将混合材料充填于待密实的接缝中,即可在室温下发生固化反应,得到有一定强度、变形性和与基面有良好黏结性的嵌缝密封材料[42]。

聚氨酯密封胶具有较好的弹性及耐低温、耐磨、耐水、耐油、耐生物降解性能,它与基材的黏结性好,使用寿命长,抗撕裂强度高,能用于动态接缝,被广泛用于建筑、汽车、船舶、道路等的接缝密封。

4.其他

随着建筑材料的不断发展,建筑工程对密封材料的性能要求也越来越高,各种新产品也不断涌现。其中,有机-无机复合密封材料是其中最重要的一类性能优良的密封产品,也代表了未来密封材料的发展方向。复合密封材料是指用化学和物理的方法,结合多种材料的特点,所制备出的性能优异、应用范围广泛、能够满足各种密封性能要求的一种材料。

目前,市场上出现的复合密封材料有遇水膨胀橡胶、各种新型复合止水带及各种改性密封胶等。

遇水膨胀橡胶密封材料的主体主要是具有高聚合度碳、氢链结构的疏水性橡胶,通过在橡胶中混入亲水性物质或在橡胶主链上接枝一些亲水性基团,就制成了遇水膨胀橡胶密封材料。它既具有一般弹性材料的压缩、复原、止水、密封的功能,又具有遇水膨胀、以水止水的双重止水功能[43]。

一些专利中报道的新型止水带也属于复合止水材料,如金属与橡胶复合[44],橡胶与塑料或与其他嵌缝材料复合[45]等。目前,市场上出现的复合止水材料产品有 GB 系列、SR 系列、BW 系列和 GBW 系列等,它们被广泛应用于水坝、渡槽、涵闸等建筑物的伸缩缝、变形缝等的密封止水上。

另外,通过化学改性制得的复合密封材料也因其优异的性能,得到了越来越广泛的应用,如硅烷改性聚醚、硅烷改性聚氨酯、环氧改性聚氨酯、硅酮-丙烯酸以及蓖麻油改性聚氨酯等。

复合密封材料因其优越的性能将越来越多地在建筑伸缩缝上得到应用,从而起到更好的接缝密封作用。

1.1.5 接缝密封失效原因及密封材料的性能要求的提出

密封材料的重要性已越来越受到人们的重视,不同的密封材料,根据其自身的特性,被应用于不同的建筑物和不同的结构部位上。经分析认为,建筑物伸缩缝密封失效(图 1-1),很大程度上与伸缩缝密封材料自身有关。其主要原因有以下几点[46]：一是密封材料的耐候、耐老化性能较差，造成密封失效；二是密封材料与建筑构筑物伸缩缝材质、极性等不同而存在黏结、咬合不牢等问题，在外界环境及外力作用下，容易出现密封失效现象；三是建筑物主构件在外界环境温差、自身沉降等作用下易造成密封材料扭曲、变形。

图 1-1 密封失效实物图

根据对接缝密封失效的原因分析，对作为伸缩缝密封材料应具有的性能也提出了要求：

（1）耐候性、耐老化性

良好的耐候性、耐老化性主要是针对密封材料的温度、紫外光、抗氧化稳定性而提出的，具体是指密封材料在夏季高温、冬季低温及臭氧等恶劣环境下，仍能保持自身性能稳定以及良好的密封效果。传统的伸缩缝密封材料，如沥青油麻、玛琋脂、沥青油毡、沥青砂浆、塑料油膏等材料在用于接缝密封时，会出现夏季流淌、冬季脆裂等问题,经过两三个温度循环后,容易出现密封失效现象。

（2）与伸缩缝壁具有良好的黏结、咬合作用

与伸缩缝基材有良好的黏结、咬合作用主要是指在温度变化及外力作用等情况下,伸缩缝密封材料仍能与伸缩缝壁牢固黏结,很好地起到密封作用。传统的密封材料如聚氯乙烯胶泥、焦油塑料胶泥等在黏结时,虽然与伸缩缝壁有一定的黏结力,但黏结力较小,通常仅有 0.1 MPa 左右[47],在受到外力作用时易从接缝中被拉出,造成密封失效。橡胶和 PVC 止水带与混凝土等的咬合效果主要取决于黏合剂对混凝土、止水带的黏结力或其他形式的固结力（如压板式止水中压板对止水带的紧固力）。止水铜片因与混凝土温度伸缩率不同,温度变化时两者会产生不等同的应变,导致其与伸缩缝壁产生缝隙,如有水等流体作用时易出现绕渗现象。

（3）有较强的抗位移变形能力

伸缩缝密封材料受温度、外力作用等因素的影响较大,因此,密封材料在伸缩缝中须承受因接缝的变化及环境（水、光、冷、热等）的影响而导致的位移变形。特别是在环境温度变化和自身沉降作用下,建筑物主体会产生一定的位移变形。因此,密封材料的较强抗位移变形能力也是保证密封效果的一个要素。

（4）良好的工作性能

良好的工作性能也是保证密封材料密封成功的关键,它包括流动性、可灌性等。

（5）环保性

从环保角度出发,伸缩缝密封材料应是"绿色"的、环境友好的。

（6）性价比高

在满足力学性能、施工性能、耐久性的前提下,伸缩缝密封材料应性能优越、性价比较高、便于推广。

1.2　密封胶国内外研究现状

密封胶是一种流动的、可挤注、有一定黏结性、不定型的密封材料。其主要作用机理是通过干燥、温度变化、溶剂挥发或化学交联等过程达到与基材牢固的黏结,并逐渐定型为塑性固态或弹性体,从而达到良好密封效果。密封胶的基本功能包括:防风雪,隔音,保温,减震,改善居住条件,密封储罐、储池、管道、沟渠的接缝,防止物质损失、压力泄露及有害物质的污染,防止接缝的积渗水、冻融及干湿交变,阻止固体杂质在接缝中沉积,保证接缝的自由运动,防止建筑结构体本身被破坏,对金属结构的建筑及连接组件起阻腐蚀保护和防腐蚀密封作用,以及对公路、跑道、桥梁、水坝、隧道接缝的密封或维修结构胶黏剂的密封,如混凝土幕墙、金属幕墙、石材及玻璃幕墙等建筑结构胶黏剂的密封。

密封胶已有 100 多年的历史,最初是采用天然材料制成的没有弹性且性能较差的密封膏。到 20 世纪 40 年代,欧美等国家和地区利用天然合成油脂以及树脂之类的胶黏剂和矿物填料配制成膏状嵌缝密封材料,用来填充建筑物构配件和框格之间的接缝,起到防水、防尘作用。但这类嵌缝材料为塑性材料,耐热、耐候性能很差且无弹性,很大程度上限制了其应用。美国是较早研制、生产弹性密封材料的国家之一,在美国诞生了很多知名的生产密封胶的国际性大企业,如通用电气公司、道康宁公司等。1927 年美国首次开发出聚硫橡胶,并实现了工业化生产。这类密封胶是以液体聚硫橡胶为基础聚合物调入固化剂、添加剂和填料等制备而成的。聚硫密封胶的特点是具有耐油、耐溶剂、抗振动、耐疲劳等优良性能,并具有透气性、透水性极低等特点。其主要应用范围是建筑工业中各类构件的黏结密封、中空玻璃的制造和一些军事方面。到 20 世纪 60 年代,美国成功开发了一类单组分室温固化硅酮弹性密封胶,在 20 世纪 70 年代又成功地开发了双组分硅酮密封胶。硅酮密封胶的最大特点是弹性好、耐候、耐热、耐低温、耐湿热,以及具有优良的化学稳定性和良好的电性能。在使用上较方便,室温即可固化成弹性体。由于其综合性能优越,它很快被应用在建筑、汽车、电子等工业领域[48]。在 20世纪 60 年代美国还开发了丁基橡胶型和聚丙烯酸酯系列密封胶,其中聚丙烯酸酯系列密封胶又可分为溶液型和乳液型两大类,聚丙烯酸酯系列密封胶主要用于地板、地面、屋顶、预构件接缝的密封以及金属门窗与墙壁接缝的密封等。

日本从 20 世纪 60 年代后开始研制开发弹性密封材料,最早是从美国引进聚硫密封胶系列产品。至 1965 年,其生产的聚硫密封胶产量已为美国的 2 倍,至今一直保持聚硫密封胶产量的世界领先地位。在随后的 5 年中先后开发出丙烯酸类密封胶、双组分聚氨酯密封胶、单组分聚氨酯密封胶和双组分硅酮密封胶等产品。1978 年日本又研制开发出改性硅酮类产品,成为世界上生产密封胶产品品种最多的国家。

在欧洲,建筑密封胶也是以硅酮、聚硫、聚氨酯、丙烯酸等产品为主,主要用于建筑接缝密封和玻璃安装,其中在德国、法国、英国的销售市场最大。在生产制作方面,以上各国均具有一个共同的特点,即采用专业设备制造厂商生产的工艺设备,选用专用聚合物供应商或自己合成的专用聚合物生胶料。因而所生产的弹性密封胶产品质量稳定,耐久性良好。国际标准化组织也相继出台了一系列的规范标准,为密封胶的国际贸易提供了产品质量保障。

1.3　存在的主要问题

虽然国内外对于伸缩缝密封材料的开发和研究,已开展了大量的工作,且市场上出现的密封材料产品也已达上千种,但仍存在以下问题:

（1）各种产品性能参差不齐，对于应用于不同领域的密封材料，缺乏相应的规范要求和性能评价指标体系，或未能充分满足现代建筑物伸缩缝密封材料的性能要求。

（2）各种产品性能也各有所长，但性能有待进一步提高，特别是耐候性、耐老化性不足，严重影响了伸缩缝密封材料的服役寿命。

（3）各产品的制备和应用的理论基础有待进一步提高，实验室室内研究需进一步结合工程应用需要，为实际工程应用奠定理论基础。

随着高层建筑、大型桥梁、高速公路等建筑工程的不断发展，这些建筑工程对伸缩缝密封材料的性能要求也越来越高。因此，为了更好地适应工程实际和发展需要，研制和开发高性能伸缩缝密封材料具有重要意义。

1.4 主要研究内容

（1）高性能伸缩缝密封材料的制备和性能研究

本书结合传统密封材料失效原因分析，提出了一种制备高性能密封材料的方法。从环保性、可施工性等角度考虑，通过对原材料、制备工艺等的择优选择，制备了具有良好自流平性、黏结性，且抗位移变形能力强的硅橡胶密封材料，揭示了其反应制备机理，探讨了其结构与性能之间的关系。

（2）各因素对硅橡胶性能影响规律探讨

本书研究了增塑剂、催化剂、填料、增黏剂、扩链剂等组分对硅橡胶密封材料的表干时间、力学性能、交联密度、硬度、黏结强度等的影响，探讨各因素对其性能影响规律，从而为制备多用途的硅橡胶密封材料奠定基础。

（3）填料与硅橡胶密封材料相互作用

本书采用参比法，通过研究填料改性对硅橡胶动态流变特性、填料分散等的影响,揭示填料与硅橡胶间的相互作用,以及填料改性机理,并建立改性填料的模型。

（4）硅橡胶密封材料性能表征

本书通过前面对硅橡胶性能影响规律探讨,优选出性能最佳的硅橡胶配比。系统研究了所制备的硅橡胶密封材料的抗渗性、力学性能、化学稳定性、疲劳特性、冻融循环稳定性、温度稳定性等性能,建立其性能评价指标体系。

（5）硅橡胶密封材料与无机基材界面黏结作用研究

本书结合先进的界面理论,采用宏观和微观相结合的方法,揭示了硅橡胶与无机基材之间相互作用机理,并探讨了界面状态对于硅橡胶黏结强度的影响。

（6）硅橡胶密封材料的工程应用研究

本书结合硅橡胶密封材料的性能特点,将硅橡胶用于水工建筑物伸缩缝密封止水、水泥混凝土道路伸缩缝密封及沥青混凝土路面裂缝养护,并提出了相应的施工工艺和规范。

2 高性能伸缩缝密封材料的制备、结构与性能研究

2.1 高性能伸缩缝密封材料的优选

在对传统伸缩缝密封材料密封失效的原因进行分析之后,对高性能密封材料进行了优选[49-51]。

(1) 从施工工艺角度优选

目前伸缩缝密封材料的施工方式主要有两种:一是热施工,即密封材料需要加热或熔化成流体状才能施工,如金属止水材料和沥青类止水材料。二是冷施工,即密封材料不需要加热,即可就地施工。由于热施工工艺对温度有较高要求,施工工艺比较烦琐,且加热过程会对材料材质造成一定损坏,影响最终的密封效果。因此,就施工工艺来说,应选择可冷施工的密封材料。

(2) 从环保性角度优选

所选择的高性能伸缩缝密封材料需无毒,且对环境"友好"、无害。

(3) 从耐候性、耐久性角度优选

对传统伸缩缝密封材料密封失效原因进行分析认为,耐候性、耐久性不足是造成密封失效的一个最重要原因,所以所选择的密封材料应具有优良的耐候性、耐久性。

基于以上几方面的考虑和优选,结合密封材料的性能要求,选择了耐候性、耐久性优良的有机硅作为密封材料的主材,通过添加各种助剂制备了高性能硅橡胶伸缩缝密封材料。

2.2　高性能伸缩缝密封材料组分优选

所制备的高性能伸缩缝密封材料是一种双组分室温硫化硅橡胶,它是一种低模量、高伸长率的密封材料,具有较好的黏结性、自流平性和一定的触变性。

2.2.1　高性能伸缩缝密封材料组分

为了达到更好的密封效果,通过添加各种助剂,使制备的硅橡胶密封材料更好地满足密封材料性能要求,其主要助剂的种类和作用如下所述:

(1)基胶

基胶是制备硅橡胶密封材料的一种重要原料,一般为线性的端羟基聚二有机基硅氧烷。利用基胶两端的活性 Si—OH,使其在催化剂的作用下与交联剂反应固化从而形成以 Si—O—Si 为骨架的弹性体[52]。

(2)填料

加入填料的主要目的是提高密封材料的力学性能、调节其黏度,同时可在一定程度上降低成本。可用作密封材料的填料主要有碳酸钙、炭黑、二氧化硅等。

(3)增塑剂

配制密封材料使用的增塑剂主要包括邻苯二甲酸酯类和氯化石蜡、二甲基硅油等,其主要作用是调节密封材料的硬度和模量。另外,增塑剂的加入还可有效改善硅橡胶触变性,使其具备更佳的可施工性。

(4)颜料

加入颜料的主要作用是着色,加入颜料后制成各种颜色的密封胶,使之与被黏物或涂料颜色相近或相同,增强美感。颜料的主要种类有二氧化钛、氧化铁、炭黑等。

（5）固化催化剂

为了加快硅橡胶密封材料的固化速度，通常加入一定量的固化催化剂，主要是有机锡类和有机钛化合物，如二月桂酸二丁基锡、辛酸亚锡和钛酸丁酯。

（6）其他助剂

为了提高硅改性密封剂的综合性能并满足施工要求，还可根据实际需要加入其他助剂，如触变剂、增黏剂、耐热防老剂、抗氧剂、防光老化稳定剂等。

2.2.2　原材料优选

1.从环保性角度考虑

硅橡胶常用的催化剂为有机锡类，从环保性角度考虑，选用无毒的马来酸锡作为硅橡胶的催化剂。

2.从施工的角度考虑

考虑到硅橡胶是伸缩缝填缝材料，从施工方便角度考虑，硅橡胶应具有一定的触变性和自流平性。选用二甲基硅油作为硅橡胶的增塑剂，可使得填缝密封材料具有一定的触变性和自流平性。

硅橡胶分为高温型（HTV）和室温硫化型（RTV），从施工角度考虑，选用一种室温硫化型的硅橡胶作为伸缩缝的填缝止水材料。

3.从材料性能角度考虑

从材料性能方面考虑，结合伸缩缝密封材料的性能要求，主要通过添加 SiO_2 补强填料来提高密封材料的机械性能。同时，为了提高填料与硅橡胶基料之间的相容性，SiO_2 填料在加入硅橡胶中前已经过有机改性预处理。

对于密封材料来说，抗位移变形能力是材料性能的一个重要评价指标，通过添加一定用量的扩链剂，使密封材料具有更强的抗位移变形能力。

为了使制备的硅橡胶密封材料具有良好的自流平性和力学性

能,通过加入增塑剂来调节硅橡胶的模量和改善施工性能。同时,为了解决增塑剂容易"迁移"的问题,采用同样是有机硅的二甲基硅油作为硅橡胶的增塑剂,从而提高其相容性。

另外,加入一种或几种硅烷偶联剂作为硅橡胶的增黏剂,使得硅橡胶与混凝土具有较好的黏结性。采用硅烷偶联剂作为增黏剂来增大材料黏结强度,主要有两种方法:表面处理法和整体混掺法[53]。表面处理法是用硅烷偶联剂处理基体表面;整体混掺法是将硅烷偶联剂的原液或溶液直接加入混合物基料中,比较适合于需要搅拌混合均匀的物料体系。在本研究中,主要把硅烷偶联剂通过整体混掺的方法加入硅橡胶基料中,使其起到增黏剂的作用。

2.2.3 原材料介绍及性能指标

表 2-1 列出了试验中所用的原料及化学试剂。

表 2-1　原材料

原料与试剂	性能与生产厂家
107 基胶	黏度(25 ℃)为 3000～80000 MPa·s GE 东芝有机硅有限公司
气相法白炭黑	比表面积为 200 m²/g 浙江新安化工集团股份有限公司
催化剂 二月桂酸二丁基锡 马来酸锡	天津化学试剂一厂
增塑剂 二甲基硅油	美国道康宁公司
交联剂 甲基三丁酮肟基硅烷	湖北环宇化工有限公司
扩链剂 A	—
环氧基硅烷 γ-缩水甘油醚氧丙基三甲氧基硅烷	湖北德邦化工有限公司
氨丙基硅烷 N-β-(氨乙基)-γ 氨丙基三甲氧基硅烷	湖北德邦化工有限公司

2.2.4 设备与仪器

表 2-2 列出了设备与仪器及其生产厂家。

表 2-2 试验仪器

设备与仪器	生产厂家
双辊炼胶机	上海橡胶机械厂
鼓风干燥箱	天津泰斯特仪器有限公司
电子天平	上海华龙测试仪器有限公司

2.3 制备方法及工艺

2.3.1 制备机理

所制备的高性能密封材料是一种双组分室温硫化硅橡胶,其主要制备机理见图 2-1。

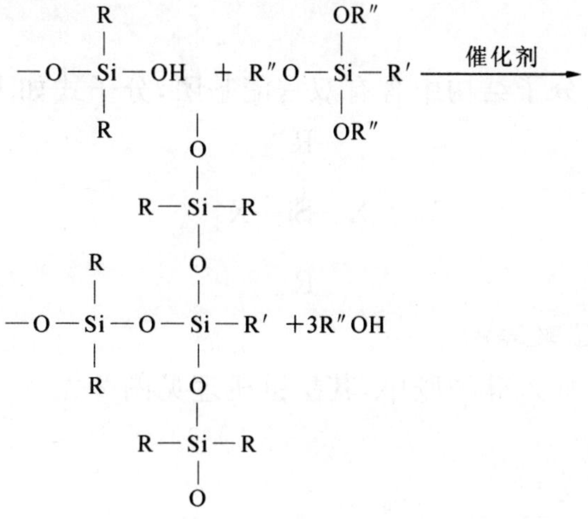

图 2-1 硅橡胶反应机理

制备硅橡胶密封材料的具体反应机理是交联剂与基胶(端羟基聚二有机基硅氧烷)在催化剂作用下发生缩合反应,生成具有三维网络结构的弹性体。

同时,通过加入扩链剂 A,使所制备的硅橡胶密封材料具有较小的模量和较大的伸长率,获得较强的抗位移变形能力。

其扩链反应机理如下:

107 基胶的分子式如下式所示:

$$\text{HO} - \underset{\underset{\text{Me}}{|}}{\overset{\overset{\text{Me}}{|}}{\text{Si}}} - \text{O} \Big]_n \text{OH}$$

用 A——A 表示。

交联剂分子结构中含有三官能基团,分子式如下式所示:

$$\text{X} - \underset{\underset{\text{X}}{|}}{\overset{\overset{\text{R}}{|}}{\text{Si}}} - \text{X}$$

用 B——B 表示。

扩链剂 A 分子结构中含有双官能基团,分子式如下式所示:

$$\text{X} - \underset{\underset{\text{R}}{|}}{\overset{\overset{\text{R}}{|}}{\text{Si}}} - \text{X}$$

用 C——C 来表示。

扩链剂 A 加入硅橡胶中,其扩链机理见图 2-2。

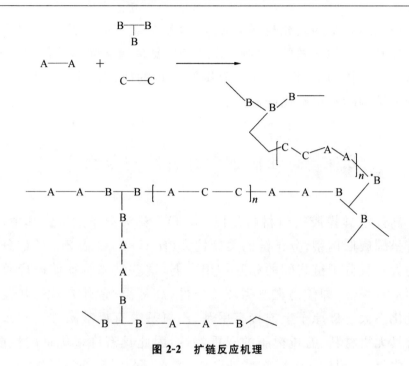

图 2-2　扩链反应机理

2.3.2　制备工艺优选

室温硫化硅橡胶（RTV）分为单组分室温硫化硅橡胶（RTV-1）和双组分室温硫化硅橡胶（RTV-2）。从储存稳定性角度考虑，选择 RTV-2 作为高性能密封填缝材料，其制备工艺如图 2-3 所示。

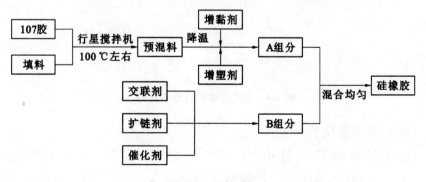

图 2-3　制备工艺

该双组分室温硫化硅橡胶由 A、B 组分组成。A 组分主要是含有活性基团的 107 基胶低聚物;B 组分主要包括交联剂等化学物质。在催化剂的作用下,将 A、B 组分按照一定的比例混合,制得具有三维网络结构的室温硫化硅橡胶。

2.4 高性能密封材料结构与性能

高性能硅橡胶密封材料是以 Si—O—Si 为分子主链。其中,硅氧键呈螺旋形构型,分子链的柔韧性大(比 C—C 键或 Si—C 键分子链的大),且分子链之间的相互作用力弱,这些结构特征使硅橡胶柔软而富有弹性,即使是在恶劣环境条件(高低温、紫外光)下,其性能也变化不大。硅原子上连接有甲基、乙氧基等有机基团(图 2-4),使其兼具无机材料、有机树脂的双重特性,因此具有许多优良的性能,比如耐氧化、耐候、耐油、抗紫外老化、憎水、耐热、耐寒等性能[54]。

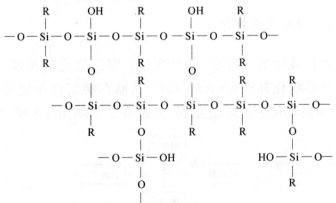

图 2-4 有机硅橡胶的分子结构

(1) 高温稳定性

由于硅橡胶其主链由 Si—O—Si 链组成,Si—O 键的键能为 422.5 kJ/mol,远高于 C—C 键键能 344.4 kJ/mol,单纯的热运动已很难使 Si—O 键断裂,因而硅橡胶具有良好的热稳定性。同时,由于

Si—O 键极性较大,对所连烃基具有屏蔽作用,故而其他支链也具有较好的热氧稳定性。它可在 200～300 ℃的高温环境中长期使用,若选择适当的填充剂和耐高温助剂,其使用温度可高达 375 ℃,并可承受瞬间 1000 ℃的高温。不同温度使用条件下硅橡胶的使用寿命见表 2-3。

表 2-3　不同温度使用条件下的硅橡胶使用寿命

温度(℃)	使用寿命(h)
150	15000
200	7500
250	2000
316	100～300
370	0.5～1

注:该使用寿命是指在连续加热条件下,其断裂伸长率降至原来的 1/2 所经历的时间。

（2）耐寒性

聚硅氧烷主链由 Si—O 键组成。Si—O 键除了具有键能高的特点外,还具有键距长、键角大的特点,使得硅氧链非常柔软,黏流活化能很小。有数据显示:聚二甲基硅氧烷（PDMS）的旋转活化能为 8 J/mol,当温度降低到 −136 ℃时,其链段仍能运动,甚至在 −196 ℃时甲基仍能绕着 Si—C 键旋转。由以上分子结构所决定的特性,以及有机硅材料的玻璃化温度一般在 −120 ℃左右,使得它能长期在 −50～−200 ℃范围内使用。

硅氧烷分子链较长,具有优异的低温柔顺性,即使在极低的温度下也能保持弹性,使得有机硅材料具有较好的耐寒性,可在严酷环境下使用,能长期经受反复冻融循环作用。

（3）耐候性

硅橡胶的主链由 Si—O—Si 链组成,分子链中不含有不饱和双键,因此具有良好的耐紫外线、抗臭氧性能,即使长时间暴露在室外或臭氧浓度很高的环境中,硅橡胶自身也不会发生龟裂和破坏。曾有报道:由于硅橡胶具有优良的耐臭氧、耐辐射性能和耐候性,即使它在户外暴露 5 年之久,其撕裂强度仅较初始状态下降 50%。初步估计硅橡胶室外整体使用年限可达 20 年以上。

(4)憎水性

硅橡胶侧链上的烃基以 σ 键与主链上的 Si 原子相结合,增大了其自由旋转的空间体积,烃基的氢原子和水的氢原子相互排斥,使得水分子难以与亲水的氧接近,因而起到了疏水的作用,减小了主链上 Si—O 键的极性。据报道:硅橡胶与水的接触角可与与石蜡的接触角相媲美,因此具有优良的憎水性能。

(5)化学稳定性

硅橡胶自身具有良好的耐化学腐蚀、耐燃油及油类等性能。对于苯、甲苯、四氯化碳、汽油等非极性溶剂,其膨胀率很大,这些有机溶剂只能使其溶胀而不能使其溶解。当这些溶剂挥发后,硅橡胶仍可以恢复原来的性能。硅橡胶各种特性及用途总结见表 2-4。

表 2-4　硅橡胶各种特性及用途

特性	用途
耐热性 　在 150 ℃下连续使用几乎无性能变化,在 200 ℃以下使用寿命可达 10000 小时,在 350 ℃下亦可使用一段时间	广泛用于耐热要求高的领域,如压力锅圈、烘箱密封垫等
耐寒性 　硅橡胶在 −60～−70 ℃时仍具有较好的弹性,某些特种橡胶能承受极低的温度	低温密封圈
耐候性 　一般橡胶在电晕放电产生的臭氧作用下迅速降解,而硅橡胶则不受臭氧影响,且长时间在紫外线和其他恶劣气候条件下,也仅有微小变化	户外使用的密封胶 航空、航天领域
电性能 　硅橡胶具有很高的电阻率,且在很宽的温度和频率范围内其阻值保持稳定,同时硅橡胶对高压电晕放电和电弧放电具有很好的抵抗性	高压绝缘子 电视机高压帽 其他电器零部件

特性	用途
导电性 当加入其他导电填料时,硅橡胶便具有导电性	键盘导电接触点 电热元件部件 抗静电部件 高压电缆用屏蔽材料 医用理疗导电胶片
导热性 当加入某些导热填料时,硅橡胶便具有导热性	散热片 导热密封垫 复印机、传真机导热辊
耐辐射性 含有苯基的硅橡胶的耐辐射性大大提高	绝缘电缆 核电厂用连接器等
阻燃性 硅橡胶本身可燃,但添加少量阻燃剂时,它便具有阻燃性	各种防火要求严格的场所
透气性和化学惰性 硅橡胶薄膜比普通橡胶及塑料打蜡膜具有更好的透气性。硅橡胶无毒、无味,具有化学惰性,对杀菌剂稳定,在医学上获得了广泛的应用	医用品、人造器官等
其他 具有较高强度、抗撕裂性好、尺寸稳定	软模材料、模型、模具等

2.5　本章小结

　　从可施工性、耐久性和环保性等角度考虑,选择了耐候性、耐久性优良的有机硅作为密封材料的主材,通过添加各种助剂来制备高性能硅橡胶伸缩缝密封材料。

　　通过对各种助剂的优选,确定添加增塑剂、填料、增黏剂、扩链剂等助剂来获得性能更佳的硅橡胶密封材料。阐述了硅橡胶制备反应机理和工艺。分析了硅橡胶的结构和性能之间的关系,并探讨了其主要用途。

3 各组分对硅橡胶性能影响探讨

3.1 原材料与试验仪器

3.1.1 原材料

相关原材料的情况见表 3-1。

表 3-1 原材料列表

原材料	生产厂家
硅橡胶密封材料	自制
水泥砂浆块	自制
氨水	国药集团化学试剂有限公司
甲苯	国药集团化学试剂有限公司
丙酮	国药集团化学试剂有限公司

3.1.2 试验仪器

相关试验仪器见表 3-2。

表 3-2 试验仪器

试验仪器	生产厂家
冲片机	广州试验仪器厂
沥青针入度仪	沧州鹏宇公路建筑仪器器材厂
扫描电子显微镜(scanning electron microscope,SEM)	JEOL(日本电子)公司
微机控制电子万能试验机	上海华龙测试仪器有限公司
夹具	自制

3.2 性 能 表 征

依据 2.3 节所述的制备方法和工艺,各组分按如下基本配比制备高性能硅橡胶密封材料。

催化剂：交联剂：增塑剂：增黏剂：改性填料：扩链剂＝0.03：1：30：0.5：100：0.05。

本章主要根据以上基本配比制备高性能密封材料。通过改变某一组分用量(其他组分不变),来探讨各组分对密封材料的表干时间、硬度、力学性能、交联密度和黏结强度的影响。

3.2.1 表干时间

表干时间是评价密封胶性能的一个重要指标,对密封胶来说,合适的表干时间和硫化时间是其适用性的一个重要体现[55]。因此,开展各因素对硅橡胶的表干时间的影响研究,对于其实际工程应用来说,具有重要的现实意义。

1.试验原理

表干时间的试验原理是在规定条件下,将密封材料试样填充到规定形状的模框中,通过在试样表面放置薄膜或指触的方法测定其干燥程度。薄膜或手指上无黏附试样所需的时间,即为表干时间。

2.试验仪器及方法

试验器具和原料主要有尺寸为 19 mm×38 mm×6.4 mm 的模框、玻璃板、无水乙醇等。首先用乙醇等溶剂清洗模框和玻璃板。将模框居中放置在玻璃板上,将硅橡胶各组分混合均匀后小心填满模框,勿混入空气。试验中应同时制备两个试样。

3.2.2　硬度

硬度是指材料对外界物体机械作用的局部抵抗能力。它是评价橡胶材料性能的一个重要方面,也是衡量密封材料性能的一个重要指标[56]。通过硬度测试(如邵氏硬度测试、针入度测试等),能迅速地获得材料受压缩应力作用时抵抗变形的能力,并对其进行定量描述。另外,硬度的大小可以直观反映出固体物质凝聚或结构内部交联结合强弱的程度。

橡胶的硬度与材料分子内部交联结构有着紧密的关系,更准确地说,它与材料分子内部的交联密度有关。交联密度越大,橡胶的硬度越大;反之,橡胶内部交联密度越小,材料硬度越小。

1. 试验原理

硅橡胶的硬度测试采用 ASTM(美国材料与试验协会)针入度测试方法。此方法类似于压入法,测定的硬度值可用来表征材料抵抗硬物体压入自身表面的能力,是评价材料塑性变形能力的一个重要指标。针入度指数与硅橡胶材料的实际硬度成反比。针入度数值越大,表示硅橡胶硬度越小;反之,针入度数值越小,表示硅橡胶的硬度越大[57]。

2. 试验步骤和方法

将盛有试样的标准器皿置于针入度仪(图 3-1)的平台上,在水浴中保温。按照 ASTM 针入度测试方法,读取刻度盘指针或位移指示器的读数,精确至 0.5(0.1 mm)。同一试样至少平行试验 3 次。

图 3-1　针入度仪

3.2.3　力学性能

硅橡胶是由许多相互关联的网状结构分子链所组成的,这些分子链主要有以下特点：(1) 分子链不断地进行着热运动；(2) 在未受到外力作用时，分子链是卷曲的。当材料受到外力作用时，网状结构分子链将产生一个克服外力作用的内应力，称为抗张力。当抗张力小于外力时，材料便会发生破坏。硅橡胶密封材料在使用过程中，会受到来自外界多个方向的应力作用，且应力一直存在。只有当硅橡胶密封材料自身具有足够的力学强度，才能抵抗这种破坏应力，始终保持较好的服役状态。因此足够好的力学性能对于保证硅橡胶密封材料良好的使用状态和较长使用寿命是至关重要的[58]。

对密封材料来说，力学性能是其性能的一个重要指标。其中，抗拉强度和断裂伸长率是表征材料力学性能的两个重要方面，也是衡量密封材料性能优劣的两个重要参数。材料的抗拉强度是指材料能够抵抗外力拉伸破坏的极限能力。

断裂伸长率是橡胶制品受到外力作用发生断裂时所能承受的极限伸长百分率，它可以作为评价伸缩缝密封材料抗位移变形能力的一个重要指标。

1. 原材料与试验仪器

在常温(23±2)℃、相对湿度为(50±5)%的条件下，将双组分硅橡胶按 A、B 组分为 1∶0.03 的比例混合，均匀搅拌 30 s，倒入模具(120 mm×120 mm×2 mm)后固化。2 周后，用裁片机裁剪试样，测试其力学性能。每组制备 5 个试样，求其平均值。

试验仪器为微机控制万能试验机，如图 3-2 所示。拉伸试样为哑铃形试样，试样规格为 12 mm×6 mm×2 mm，如图 3-3 所示。

2. 试验方法

图 3-4(a)所示为哑铃形试样的硅橡胶密封材料，图 3-4(b)为试样拉伸示意图。哑铃形试样拉伸试验条件为室温(23±2)℃条件下，拉伸速率为 200 mm/min。

试样的断裂抗拉强度按下式计算：

图 3-2　微机控制万能试验机

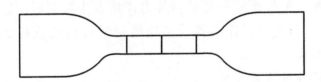

图 3-3　哑铃形试样

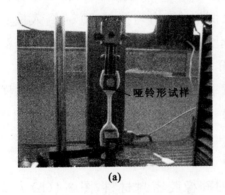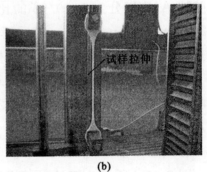

(a)　　　　　　　　　　　　　(b)

图 3-4　拉伸试验

$$T_s = \frac{F_b}{ab} \tag{3-1}$$

式中　T_s——试样抗拉强度（MPa）；

F_b——试样断裂时记录的力(N)；

a——哑铃形试样狭小平行部分宽度(mm)；

b——试样长度部分的厚度(mm)。

试样的断裂伸长率按式(3-2)计算：

$$E_b = \frac{L_b - L_0}{L_0} \times 100\%$$ （3-2）

式中 E_b——试样断裂伸长率(%)；

L_b——试样断裂时的标距(mm)；

L_0——试样的初始标距(mm)。

3.2.4 交联密度

由于硫化胶交联的化学键将各分子链连接成空间的三维网状结构，将硫化胶置于良溶剂中后，溶剂小分子能很容易地进入交联网状结构中，使硫化胶溶胀。硫化胶在溶胀过程中，溶剂小分子的渗入导致硫化胶体积膨胀，引起三维分子网的伸展，而分子网受到应力作用产生了弹性收缩力，阻止溶剂进入硫化胶网状链。当这两种相反的作用相互抵消时，也即溶剂分子进入交联网的速度与被排出的速度相等时，就达到了溶胀平衡状态[59]。

通过平衡溶胀法可有效反映硫化胶内部分子链交联情况，从而测定硫化胶的交联密度[60-62]。

硅橡胶的交联密度通常用交联网络中相邻两个交联点之间的有效链平均相对分子质量 M_c（单位为 g/mol）来表示，M_c 与硫化胶的交联密度成反比。M_c 越大，交联密度越小；反之，M_c 越小，交联密度越大。而 M_c 可用 Flory-Rehner 方程来计算[63]：

$$M_c = \frac{\rho V_0 \varphi^{1/3}}{\ln(1-\varphi) + \varphi + \chi\varphi^2}$$ （3-3）

式中 ρ——硅橡胶在溶胀前的密度(g/cm³)；

V_0——溶剂的摩尔体积(cm³/mol)；

φ——硅橡胶在溶胀体中的体积分数，即溶胀度的倒数(%)；

　　　　χ——硅橡胶与溶剂之间的相互作用参数[64]（其值为 0.465）。
　　其中：

$$\varphi = \dfrac{\dfrac{W_1}{\rho}}{\dfrac{W_2 - W_1}{\rho_1} + \dfrac{W_1}{\rho}} \tag{3-4}$$

式中　W_1——硅橡胶片的初始质量(g)；

　　　　ρ——溶胀前硅橡胶片的密度(g/cm^3)；

　　　　W_2——硅橡胶片溶胀后的质量(g)；

　　　　ρ_1——甲苯的密度(25 ℃时,g/cm^3)。

测定交联密度的具体方法如下：

　　将硫化胶试样切割成厚度约 2 mm、质量约 1 g 的薄片,称量。将称量好的试样放入盛有 100 mL 甲苯的带塞磨口的锥形瓶中,在室温(23±2)℃下静置 72 h,以使硫化胶试样充分溶胀。当硫化胶试样达到溶胀平衡后取出,用天平称其质量,采用式(3-3)计算硅橡胶的两交联点之间的相对分子质量,从而计算硅橡胶的交联点密度[65]。

3.2.5　硅橡胶黏结作用探讨

　　黏结材料单位面积上的黏结力称为黏结强度(bond strength)。测量黏结强度常用的方法包括三点弯曲测试、剪切强度测试和抗拉强度测试等。对伸缩缝密封材料来说,所受到的力主要是由环境温度变化和建筑主体结构自身变形引起的应力。因此,采用拉伸的方式来测试密封材料的黏结强度,更符合实际应用要求,且这种测试方法简单,更具有实际意义。

　　材料黏结强度测试结束主要以材料自身、黏结面发生破坏或者密封材料与基材脱黏为主要标准。按照脱黏方式或界面断裂形式不同,材料黏结破坏可分为黏结破坏、混合破坏和内聚破坏。内聚破坏主要是发生在材料自身,主要由材料自身机械强度较低造成。黏结破坏发生在黏结面,主要由黏结强度较低造成。混合破坏是指上述两种形式同时存在的一种破坏,介于上述二者之间[66]。

参照《建筑密封材料试验方法　第 1 部分:试验基料的规定》(GB/T 13477.1—2002)中的相关操作规范,对硅橡胶密封材料的黏结强度进行测试。

1.硅橡胶黏结试样制备

按水泥∶砂∶水=1∶2∶0.4 的质量比配制水泥砂浆块,养护,脱模,备用。

用砂纸打磨黏结面,然后用脱脂纱布或蘸取有机溶剂来清除水泥砂浆表面浮灰。在防黏材料上,将两块黏结水泥砂浆基材与两块隔离垫块组装成空腔。然后将由 A、B 组分按一定比例混合而成的硅橡胶密封材料样品嵌填在空腔中,制成黏结试样。试件的尺寸如图 3-5 所示。养护 2 周后,脱去垫块,备用。

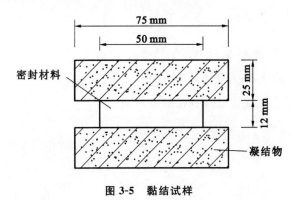

图 3-5　黏结试样

嵌填硅橡胶密封材料试样时应注意以下几点:

(a) 应尽量避免产生气泡,否则会影响最终的力学性能测试结果;

(b) 灌注时,将试样挤压在基材的黏结面上,确保黏结密实;

(c) 在固化期内,应使隔离垫块保持原位。

2.硅橡胶黏结试样测试方法与步骤

将制备好的黏结试件用夹具固定在万能试验机上,见图 3-6。

将试件拉伸至破坏,以表征硅橡胶与水泥基材的黏结情况。试验条件为拉伸速率 5 mm/min,室温(23±2)℃。

图 3-6　黏结强度测试

拉伸黏结强度 T_s 采用式(3-5)计算[67],最终结果取三个试件试验结果的算术平均值:

$$T_s = \frac{P}{S} \tag{3-5}$$

式中　T_s——拉伸黏结强度(MPa);

　　　P——最大拉力值(N);

　　　S——试件截面面积(mm^2)。

3.3　结果与讨论

3.3.1　催化剂对硅橡胶性能的影响

将硅橡胶作为冷施工密封材料来使用,适宜的硫化速度是评价其可施工性的一个重要的指标,而催化剂是影响硅橡胶密封材料固化速率的一个重要因素。在本节中,探讨催化剂对硅橡胶密封材料性能的影响。催化剂对硅橡胶性能的影响见图 3-7。

由图 3-7 可知,随着催化剂用量的增大,固化反应速率加快,硅

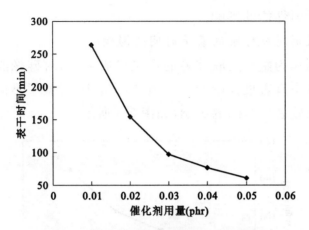

图 3-7 催化剂用量对硅橡胶表干时间的影响

橡胶表干时间缩短。反之,催化剂用量越小,则硅橡胶固化速率越小,表干时间越长。同时,可以看出当催化剂的添加比例小于 0.02 phr(表示每一百份所占的比例)时,硅橡胶密封材料的表干时间会在 2 h 以上,影响密封胶的使用。当催化剂的添加比例大于 0.05 phr 时,由于硅橡胶密封胶的制备机理为缩合反应,反应过程中有小分子放出,若反应速率过快,易造成密封胶发泡,最终会影响硅橡胶的综合性能[68]。从图 3-7 中还可以看出,当催化剂用量在 0.01~0.03 phr 之间时,催化剂用量与表干时间存在一个非线性关系。小于 0.02 phr 的用量时,催化剂用量的微小变化,对硫化胶的表干时间的影响都会很大,表现为直线斜率较大。而当催化剂用量大于 0.03 phr,催化剂的用量与硫化胶的表干时间之间的变化关系表现为一条斜率很小的直线,即进一步增大催化剂的用量,硫化硅橡胶的表干时间缩短的幅度相对变小,催化剂用量的影响变弱。综合分析认为:当催化剂的用量在 0.03 phr 时,综合效果较佳。

3.3.2 交联剂对硅橡胶性能的影响

按改性填料:增塑剂:催化剂:增黏剂=100:30:0.03:0.5 的配比制备硅橡胶密封材料,通过改变交联剂用量,探讨交联剂对硅橡胶密封材料性能的影响。

1. 交联剂对硅橡胶的表干时间的影响

交联剂作为整个交联体系的重要组成部分,对硅橡胶的交联体系的固化速率有着极大影响[69]。在本研究中,考察了不同用量的交联剂对硅橡胶表干时间的影响,如图 3-8 所示。

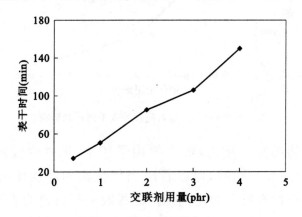

图 3-8 交联剂用量对硅橡胶表干时间的影响

从图 3-8 中可以看出,随着交联剂用量的增大,硅橡胶密封材料的表干时间逐渐延长。当交联剂用量在 0.5 phr 时,硅橡胶体系的固化速率较快,表干时间约为 38 min,随着交联剂用量的增大,当交联剂用量为 4 phr 时,硅橡胶表干时间为 150 min 左右,较 0.5 phr 用量时,表干时间延长了近 4 倍,过多的交联剂甚至会造成硅橡胶固化困难,说明交联剂的用量对于整个硅橡胶的交联体系有着极大的影响。在硅橡胶制备体系中,其反应机理主要是 107 基胶与交联剂,在催化剂条件下发生缩合反应,交联剂是参与硅橡胶固化反应的一种重要反应物,可以理解为在催化剂和基胶用量一定、交联剂用量较少的情况下,反应较快,表干时间较短;反之,交联剂用量增多,而催化剂和基胶用量不变,相当于是反应物增多,使得硅橡胶的表干时间延长,甚至在一定程度上造成固化困难,从而影响其作为密封材料的使用性能。

2. 交联剂对硅橡胶交联密度的影响

图 3-9 所示为交联剂用量与交联点间链相对分子质量的关系。从图中可以看出：当交联剂用量从 0.2 phr 增加到 2 phr 时，硅橡胶分子内部交联点之间的链段相对分子质量逐渐减小，说明随着交联剂用量增大，硅橡胶体系交联密度逐渐增大。

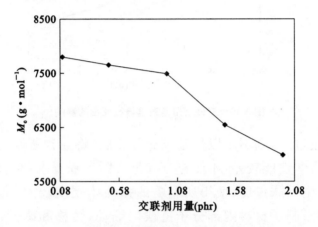

图 3-9　交联剂用量对硅橡胶交联密度的影响

3. 交联剂对硅橡胶硬度的影响

交联剂是含有三个及三个以上水解官能团的硅烷或聚硅氧烷[70]。在催化剂作用下，它们能将基础链状聚合物连成网状交联结构，是硅橡胶交联体系组成的一个重要方面，直接影响着体系的交联密度。而交联密度跟硅橡胶体系的硬度成正比，交联密度越大，硅橡胶的表观密度越大，其硬度越大；反之，交联密度越小，硅橡胶表观密度越小，其硬度越小。因此，可以根据硅橡胶硬度值的大小，直接判断出胶料的固化交联程度[71]。

从图 3-10 可以看出，随着交联剂用量的增大，针入度减小，硅橡胶硬度增大。随着交联剂用量逐渐增加，其交联效应使得硅橡胶的交联密度增大，最终使得硅橡胶体系的硬度增大。

4. 交联剂对硅橡胶力学性能的影响

不同用量的交联剂对所合成的弹性体的力学性能有较大影响。

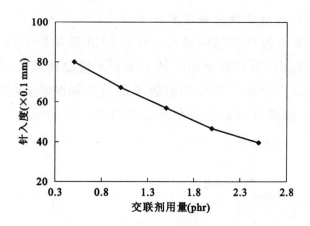

图 3-10　交联剂用量对硅橡胶硬度的影响

交联剂用量过少,则不足以使基胶充分交联,将导致所制得的密封胶弹性体的力学性能较差,不能充分满足实际工程要求;交联剂用量过大,则会发生交联过度,使得所制备的弹性体硬度较大,交联的节点过多,从而限制了材料内部分子链段的蠕动、转移和旋转,导致弹性体的力学性能较低。从图 3-11 可以看出,当交联剂用量从 0.5 phr 增加到 4 phr 时,硅橡胶的抗拉强度从 0.25 MPa 增大到 0.84 MPa,增大了 3 倍多。而断裂伸长率从 550% 下降到 200% 左右,且当交联剂用量大于 2 phr 时,断裂伸长率降低幅度增大。由此证明了交联

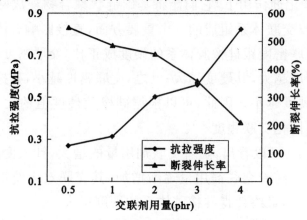

图 3-11　交联剂用量对硅橡胶力学性能的影响

剂用量对硅橡胶的硫化及硫化后的力学性能有很大的影响。交联剂的加入主要对硅橡胶的交联密度产生较大影响。随着交联剂用量的增加,硫化胶的交联密度增大。当受到外力作用时,单位面积上所能承载应力的网链数也随之增加,使得硅橡胶的抗拉强度增加。当交联剂用量在一定范围内增加时,硫化胶的交联密度增大,故拉伸性能增强,硬度增大,并保持较大的伸长率。但交联剂过多时,交联密度过大,硫化胶过硬,弹性不足,导致断裂伸长率过低。也有种说法认为,硅橡胶断裂伸长率的减小是由于随着交联密度的增加,交联点之间的分子链不能有序排列[72]。

3.3.3　增黏剂对硅橡胶性能的影响

在本研究中,增黏剂是以两种方式加入到硅橡胶中的,一种方式是与硅橡胶基料等一起混合加入,另一种方式是用来处理填料表面,以改性填料的方式加入硅橡胶中,所起的作用为:有效增大硅橡胶与混凝土界面的黏结强度,改善填料与硅橡胶胶料的相容性。在这里,主要讨论第一种加入方式对硅橡胶性能的影响。关于后一种加入方式对其性能的影响,将在下一章填料与硅橡胶相互作用中讨论。

1.增黏剂对硅橡胶表干时间的影响

在本研究中,选用硅烷偶联剂作为硅橡胶密封材料的增黏剂,其主要作用是提高硅橡胶密封胶与基材的黏结性,而表干时间是密封材料的一个重要特性,也是评价密封材料性能的一个重要指标。这里主要探讨了硅烷偶联剂用量对硅橡胶密封材料的表干时间的影响规律,从而为硅橡胶密封材料的实际应用提供参考。

从图 3-12 可以看出:随着增黏剂用量的增大,硅橡胶的表干时间缩短。当硅烷偶联剂用量为 0.2 phr 时,硅橡胶密封胶的表干时间为 150 min 左右;当硅烷偶联剂用量为 0.6 phr 时,其表干时间缩短到 65 min 左右。从所得的表干时间结果上来看,硅烷偶联剂增黏剂对 RTV-2 体系具有明显的催化交联作用,能较大程度地提升硅橡胶的固化速率。

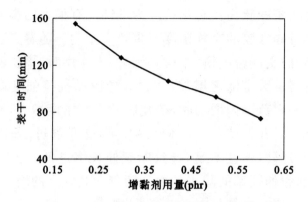

图 3-12　增黏剂用量对硅橡胶表干时间的影响

　　硅烷偶联剂作为硅橡胶密封材料的增黏剂,自身具有较强的反应活性,遇空气中水分即可发生水解、缩聚反应。另外,增黏剂也能够参与密封胶的固化。在硅橡胶固化过程中,增黏剂在硅橡胶体系主要有以下的几个主要反应[73-75]:

　　(1) 硅烷偶联剂加入体系中后,通过水解反应生成带 Si—OH 基团的活性中心,该 Si—OH 活性基团能与 107 基胶发生缩聚反应,从而达到最终固化目的。这一点可以从以下试验中得到证实:在未加交联剂的前提下,107 基胶、硅烷偶联剂、催化剂等能固化成交联网络结构体。

　　(2) 在催化剂作用下,硅烷偶联剂水解后产生的 Si—OH 基能与交联剂发生反应,其作用机理类似于 107 基胶的 Si—OH 与交联剂的反应机理。

　　(3) 过量的硅烷偶联剂遇空气中水分,发生水解、自缩聚反应。
具体反应式如下:
水解反应:

$$\underset{\underset{X}{|}}{\overset{\overset{R}{|}}{X-Si-X}} \xrightarrow{H_2O} \underset{\underset{OH}{|}}{\overset{\overset{R}{|}}{HO-Si-OH}} + 3HX \qquad (3-6)$$

　　① 与 107 基胶的反应

$$\text{HO—}\underset{\underset{OH}{\overset{|}{\underset{|}{}}}}{\overset{R}{\underset{|}{Si}}}\text{—OH} + \text{HO—107 胶} \longrightarrow \text{107 胶}\left[\text{O—}\underset{\underset{\overset{|}{O}}{\overset{|}{}}}{\overset{R}{\underset{|}{Si}}}\text{—O}\right]_{n}\text{107 胶} + n\text{H}_2\text{O}$$

$$107 \text{ 胶}$$

$$(3\text{-}7)$$

② 与交联剂的反应

以酮肟型交联剂为例：

$$\text{—}\underset{\overset{|}{Me}}{\overset{|}{Si}}\text{—O—}\underset{\overset{|}{Me}}{\overset{|}{Si}}\text{—ON}\!=\!\text{CMeEt} + \text{HO—}\underset{\overset{|}{OH}}{\overset{R}{\underset{|}{Si}}}\text{—OH} \longrightarrow \text{交联体} +$$

$$n\text{MeEtC}\!=\!\text{NOH} \qquad\qquad (3\text{-}8)$$

③ 自缩聚反应

$$n\,\text{HO—}\underset{\overset{|}{OH}}{\overset{R}{\underset{|}{Si}}}\text{—OH} \longrightarrow \left[\underset{\overset{|}{O}}{\overset{R}{\underset{|}{Si}}}\text{—O—}\underset{\overset{|}{O}}{\overset{R}{\underset{|}{Si}}}\right]_{n} + n\text{H}_2\text{O} \qquad (3\text{-}9)$$

由以上各反应可知，硅烷偶联剂的加入，使整个硅橡胶体系的反应活性点增多，因此在很大程度上加快了体系的反应速度，使硅橡胶表干时间缩短。

2. 增黏剂对硅橡胶交联密度的影响

图 3-13 是增黏剂用量对硅橡胶体系两交联点间链相对分子质量（交联密度）的影响。从图中可以发现，随着增黏剂用量的增大，交联点间链相对分子质量减小，说明其交联密度增大。增黏剂对硅橡胶交联密度影响可从结构示意图（图 3-14）得到进一步说明。

从图 3-14 中可以明显看出，增黏剂分子的加入极大程度地增加了硅橡胶中的活性点数目，最终使得硅橡胶体系的交联密度增大，且随着增黏剂用量的增大，交联密度增大趋势愈发明显[76]。

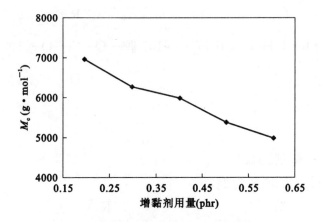

图 3-13 增黏剂用量对硅橡胶交联密度的影响

图 3-14 分子链结构示意图

3.增黏剂对硅橡胶硬度的影响

增黏剂用量与硅橡胶硬度关系见图 3-15。从图 3-15 中可以得出:随着增黏剂用量的增多,硅橡胶体系的针入度降低,硬度增大。一般来说,橡胶类复合材料硬度与其交联密度成正比,同时也与交联体系中"软化剂"的用量成正比。如前所述,硅烷偶联剂的加入会使得整个硅橡胶体系反应活性点增多,从而增大硅橡胶体系的交联密度。同时,也有种说法认为:硅烷偶联剂的加入也同时对硅橡胶体系存在降低硅橡胶胶料黏度和减小体系交联密度的"软化效应",会在一定程度上减小硅橡胶体系的交联密度。从图 3-15 中发现:随着偶联剂用量的增多,硅橡胶的硬度逐渐增大(针入度变小)。可以认为在该硅橡胶体系中,偶联剂对硅橡胶有硬度增强作用的"交联效应"大于有硬度减弱作用的"软化效应"[77]。

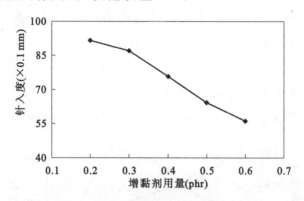

图 3-15 增黏剂用量对硅橡胶硬度的影响

4.增黏剂对硅橡胶力学性能的影响

增黏剂对硅橡胶密封材料力学性能的影响见图 3-16。从图中可以看出:增黏剂用量从 0.2 phr 增加到 0.45 phr 时,硅橡胶密封胶的抗拉强度从约 0.85 MPa 增大到最大值 1.01 MPa 左右。进一步增大增黏剂的用量,硅橡胶的抗拉强度反而降低,当其用量为 0.6 phr 时,硅橡胶的抗拉强度从 1.01 MPa 降低到 0.8 MPa 左右。而硅橡胶的断裂伸长率是随着增黏剂的用量的增大而呈近似线性降低。如前所述,硅烷偶联剂作为增黏剂加入硅橡胶基料里主要存在三种反应:① 与 107 基胶的反应;② 与交联剂的反应;③ 自身水解缩聚反应。硅烷偶联剂的加入,使得整个硅橡胶体系反应活性点增多,因此会使得整个硅橡胶体系的交联密度增大,最终使得硅橡胶的抗拉强度增大,断裂伸长率降低。随着增黏剂用量的进一步增大,硅烷偶联剂分子密度增大,各分子之间接触机会增多。众所周知,硅烷偶联剂性质十分活泼,在空气中很容易发生水解生成含有活性的 Si—OH 基团的分子。由于硅烷偶联剂各分子之间接触机会增多,因此,各活性硅烷偶联剂分子之间自缩聚的概率也增大,生成低聚物。这些低聚物分散在硅橡胶基体中,某种程度上可以认为是硅橡胶材料中的内部缺陷。按照"最弱链节"理论（"weakest-link" theory）：随着长度的增加，交联网可将增加的应变在网链中进行再分配，直到不存在再分配的可能为止。通常只有到这一点，链才开始断裂，进而导致高弹体的破坏。而内部缺陷的存在影响了应力、应变的再分配，当材料受到外力作用时，缺陷会先发生破坏，因此缺陷的存在会降低整个硅橡胶密封材料的力学性能[78]。

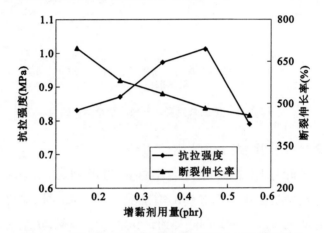

图 3-16　增黏剂用量对硅橡胶密封材料力学性能的影响

5. 增黏剂对硅橡胶黏结强度的影响

硅橡胶是一种 107 基胶与多种助剂经过混合，发生化学反应而生成的高聚物。在本研究中，主要把硅烷偶联剂通过整体混掺的方法加入硅橡胶基料中，使其起到增黏剂的作用，而非涂于黏结界面上。这一节主要探讨了增黏剂的种类及用量对硅橡胶黏结强度的影响。

表 3-3 所示为不同种类的增黏剂对于黏结强度的影响。试验结果表明：增黏剂复配之后的黏结效果明显好于单一偶联剂的增黏效果，说明复配之后的协同效应能较好地增大硅橡胶密封材料的黏结强度。同时，当选用 KH560 与 KH550 作为复配增黏剂时，黏结强度最高可达 0.53 MPa，这可能跟 KH550 中—NH_2 和 KH560 中的环氧基团极性较强有关，增黏剂 KH560 和 KH550 的分子式分别如式(3-10)和式(3-11)所示。

表 3-3 增黏剂对黏结强度的影响

增黏剂	KH550	KH560	KH570	WD20	KH550 KH560	KH550 KH570	KH570 KH560	WD20 KH550	WD20 KH560
黏结强度 (MPa)	0.27	0.28	0.32	0.26	0.53	0.35	0.35	0.36	0.38

KH560 分子结构式：

$$H_2C\!-\!CHCH_2O(CH_2)_3\!-\!Si(OCH_3)_3 \qquad (3\text{-}10)$$
$$\diagdown O$$

KH550 分子结构式：

$$NH_2\!-\!(CH_2)_3\!-\!Si(OC_2H_5)_3 \qquad (3\text{-}11)$$

在本节中，以 KH550 与 KH560 为例，探讨增黏剂用量对其黏结强度的影响，如图 3-17 所示。从图中可知：当增黏剂用量较小时，硅橡胶黏结强度较小；随着增黏剂用量的增大，黏结强度逐渐增大，但进一步增加增黏剂的用量，黏结强度反而再次降低。同时还发现，黏结破坏形式随着增黏剂用量的变化也经历了从黏结破坏→内聚破坏→混合破坏的变化，如图 3-18～图 3-20 所示，而黏结破坏的形式主要是由黏结强度和硅橡胶自身的强度所决定的。

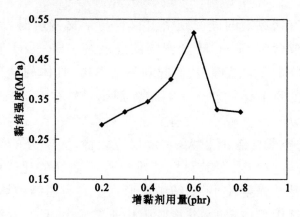

图 3-17 增黏剂用量对黏结强度的影响

图 3-18　黏结破坏　　　　　　　　　　图 3-19　内聚破坏

图 3-20　混合破坏

　　当掺加有增黏剂的硅橡胶密封材料与基材接触时,增黏剂在空气中水解生成含有 Si—OH 低聚物的硅氧烷。Si—OH 能与无机基材表面的—OH 形成氢键,从而起到黏结作用,具体的硅橡胶黏结机理将在后面的章节详细叙述。当增黏剂用量较少时,与黏结基材接触的增黏剂分子浓度较小,没有完全起到增大黏结强度的作用。另外,增黏剂与空气接触面积大,水解反应较快,大部分的活性基团已消耗,使得硅橡胶与水泥基材之间难以形成良好的化学键合[79],此时硅橡胶的黏结强度较小,黏结破坏形式主要为黏结破坏。

　　当偶联剂用量一定时,硅橡胶固化速率适中,且与水泥基材的结合逐渐增强,随着作为增黏剂的硅烷偶联剂用量的增大,硅橡胶的黏结强度逐渐增大;另外,正如前分析,增黏剂用量的增大,会对硅橡胶材料自身的力学性能产生影响,降低其自身力学强度,此时发生的破坏形式主要为内聚破坏。随着用量进一步增大,硅烷偶联剂分子之间易发生水解、自缩聚,易在黏结界面间形成多分子膜层,某种程度上对黏结作用的发挥起到抑制和阻碍作用,导致黏结强度降低[80]。同时,材料自身的强度也继续降低,此时黏结强度与材料自身力学强度相当,以上两种破坏形式均会发生,其破坏形式为混合破坏。

3.3.4　填料对硅橡胶性能的影响

硅橡胶分子链间的相互作用力比较弱,未经补强的硅橡胶的强度很低,这一点使其在实际的应用过程中受到了很大的制约。加入补强填料,不但能有效降低生产成本,还能明显提高硅橡胶密封材料的综合性能。

由于硅橡胶基体和填料极性不同,二者之间存在相容性问题。填料经过表面有机改性后,橡胶基体与填料的相容性得到了改善,接触面积增大,填料粒子与橡胶基体之间的黏附作用增强[81-83]。下面将系统探讨填料对硅橡胶性能的影响。

1.填料对硅橡胶表干时间的影响

填料在有效改善硅橡胶密封材料力学性能的同时,对硅橡胶密封材料的可施工性也有着重要的影响。其中,表干时间是表征密封材料可施工性的一个重要指标。填料对硅橡胶表干时间的影响见图 3-21。

为了改善填料在硅橡胶基体中的分散性能,减少二次结构的生成,通常采用硅烷偶联剂或表面处理剂对填料表面进行有机改性处理[84],经有机改性处理的填料表面含有—OR 等活性基团(图 3-22),这些活性基团可作为活性点参与硅橡胶体系交联固化反应。不难理解,经改性后的填料,能较好地分散于混炼胶体系中,在硅橡胶基体中起着活性点的作用,增大活性基团密度,从而加快体系的反应速率,缩短硅橡胶的表干时间。

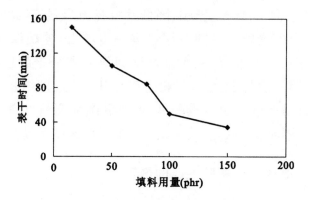

图 3-21　填料用量对硅橡胶表干时间的影响

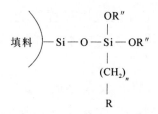

图 3-22　改性填料示意图

　　图 3-21 可以证实以上论点:当填料用量为 15 phr 时,硅橡胶的表干时间为 150 min 左右,随着改性填料用量的增加,其表干时间呈直线下降,当填料用量增加到 150 phr 时,硅橡胶的表干时间缩短到 30 min 左右,极大地提高了体系的反应速度,但填料用量过大也会造成挤出困难,导致施工不便。因此,应合理控制填料的用量。

　　2.填料对硅橡胶交联密度的影响

　　图 3-23 所示为填料用量对硅橡胶交联密度的影响。可以发现,随着填料用量的增大,硅橡胶交联体系中分子交联点间的链相对分子质量逐渐减小,说明交联体系的交联密度逐渐增大。如前所述,为了改善无机填料与硅橡胶基料的相容性,填料在加入混炼前经过有机改性,使得填料表面有活性基团。这些活性基团能与硅橡胶分子链发生化学键合作用(图 3-24),从而使得硅橡胶交联体系中两交联点间链相对分子质量减小,交联密度增大。

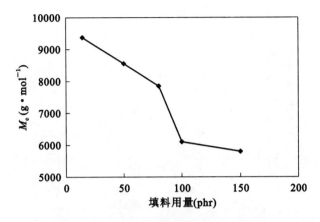

图 3-23 填料用量对硅橡胶交联密度的影响

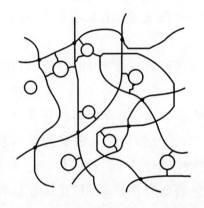

图 3-24 填料增强硅橡胶力学性能示意图

3.填料对硅橡胶硬度的影响

填料是硅橡胶的一种较常用的添加剂,一方面,填料的加入能很好地起到补强作用,改善硅橡胶材料的力学性能;另一方面,填料的加入也能很大程度地降低材料成本[85]。考虑到材料硬度是硅橡胶性能的评价指标,因此探讨了填料对硅橡胶硬度的影响规律。通过硅橡胶硬度值的大小,可直接判断出填料的加入对胶料混合的均匀程度和交联的固化程度的影响。

从图 3-25 中可以看出:随着填料用量的增大,硅橡胶的针入度降低,说明硅橡胶的硬度增大。依据经验公式,可通过加入填料组分

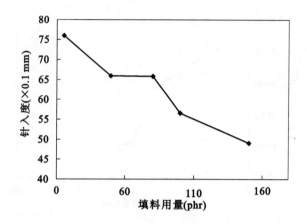

图 3-25　填料用量对硅橡胶硬度的影响

的份数判断出材料的硬度大小，用来指导实际工业化生产。经验公式如式（3-12）所示：

　　估算硬度＝橡胶基础硬度＋填料（或软化剂）用量×硬度变化值

$$(3-12)$$

　　从式（3-12）中可以看出，复合材料的硬度与填料的用量是成正比的。正如前所述，为了改善填料与硅橡胶基体胶的相容性，使填料能更好地分散在硅橡胶基体中，填料一般经过有机改性来进行表面处理。经改性的填料表面有活性基团，能很好地与硅橡胶基体相容，改性填料的分子式如图 3-22 所示。

　　对于整个硅橡胶交联体系来说，经有机改性的填料起着活性交联点的作用，增加活性填料的用量，相当于增加了整个体系的活性交联点，从而增大了硅橡胶的交联密度（这一点可以从填料对硅橡胶交联密度影响规律中得到证实），最终导致硅橡胶的硬度不断增大。

　　同时发现：较同等用量的未改性填料，经有机改性的填料填充体系，硅橡胶的硬度明显小于未改性填料填充体系硅橡胶的硬度，这主要跟填料在硅橡胶基体中的分散有关，关于填料分散问题将会在后面的章节讨论。

4.填料对硅橡胶力学性能的影响

一般认为,填料对于复合材料性能的影响,存在如下结论[86]:

(1)补强效果与填料的粒径紧密相关。填料粒子的粒径越小,其比表面积越大,表面活性越大,则填充复合材料后所取得的补强效果越好。

(2)以结晶型(如天然橡胶等)为基础的硫化橡胶,抗拉强度与填料用量成反比。即填料用量越大,硫化橡胶的抗拉强度越小。

(3)以非结晶型(如丁苯橡胶等)为基础的硫化橡胶,抗拉强度与填料并不呈简单的线性比例关系。抗拉强度先随填料用量增大而增大。当抗拉强度达到最大值后,进一步增大填料用量,硫化橡胶的抗拉强度反而下降。

(4)以低不饱和度橡胶(如三元乙丙橡胶、丁基橡胶)为基础的硫化橡胶,抗拉强度首先随着填料用量的增大而增大。当抗拉强度达到最大值后,再进一步增大填料的用量,硫化橡胶的抗拉强度值保持不变,呈现平台状。

(5)对热塑型弹性体而言,填料用量与抗拉强度成反比,即填料的用量增大反而会使得抗拉强度降低。

图 3-26 所示为填料用量与硅橡胶力学性能之间的关系。从图中可以看出,随着改性填料用量增加,硅橡胶的抗拉强度从约 0.25 MPa提高到 0.72 MPa 左右,拉伸断裂伸长率则由 200% 提高到 680% 左右,提高幅度在三倍左右,说明改性填料较好地起到了补强作用。当填料用量为 100 phr 时,硅橡胶的抗拉强度和断裂伸长率达到最大值,说明此时改性填料在起到补强作用的同时,在硅橡胶中分散也比较均匀。进一步增大填料用量,当填料用量大于100 phr时,抗拉强度和断裂伸长率都呈现出下降趋势。

填料与基胶在共混时产生的强烈的相互作用包括物理吸附、化学吸附和物理缠结、键合等相互作用,极大地提高了硅橡胶的交联度并较好地起到了"填料补强"作用。随着填料用量的增加,粉体填料微粒之间的距离减小,填料与硅橡胶分子之间更易连成三维网络结

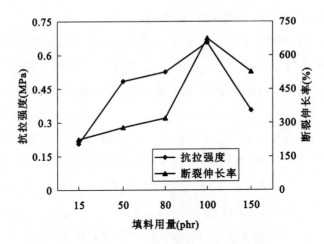

图 3-26 填料用量对硅橡胶力学性能的影响

构,从而有效限制了硅橡胶分子链的形变。硅橡胶基质与填料形成化学键,产生了牢固的结合力,使得应力能够在硅橡胶分子链与填料之间均匀传递,提高了整个硅橡胶体系的机械力学强度[87]。也有一种说法认为,无机填料加入硅橡胶基体中形成"海-岛"结构,当材料受到外力作用而产生裂纹时,无机填料粒子起到阻止裂纹进一步延伸的作用,从而改变裂纹延伸的方向,将裂纹细化,延缓断裂发展,提高了材料的力学性能,最终使硅橡胶的抗拉强度和断裂伸长率增大[88]。

随着填料用量的进一步增大,填料粒子在硅橡胶混炼胶中的分散变得不均匀,团聚的概率增大,团聚的填料粒子成为硅橡胶内部的缺陷。根据断裂理论:高聚物发生拉伸破坏的原因是结构的不均匀性和缺陷,使得负载的分布不均匀,造成应力集中,最终导致材料发生断裂。因此,随着填料用量进一步的增大,抗拉强度和断裂伸长率将减小。

从图 3-26 中还可以发现,硅橡胶的抗拉强度和断裂伸长率随着填料用量的增大,都呈现出先增大后减小的趋势,属于典型的第(3)种类型,即非结晶型硫化橡胶类型。

5.填料对硅橡胶黏结强度的影响

填料用量对硅橡胶黏结强度的影响见图 3-27。从图中可以看出,填料用量的多少对于硅橡胶的黏结强度影响不大。正如前所述,硅橡胶密封材料与水泥基材的黏结作用主要是作为增黏剂的硅烷偶联剂中的活性基团与水泥基材表面的活性基团发生物理、化学反应而产生的[89]。填料的加入主要是改善硅橡胶密封材料自身的力学性能和可施工性,对于黏结界面的影响不大,这从图 3-27 中可以得到证明。

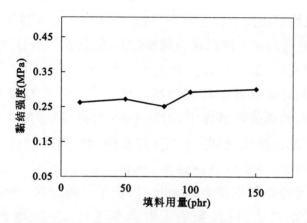

图 3-27 填料用量对硅橡胶黏结强度的影响

3.3.5 增塑剂对硅橡胶性能的影响

增塑剂的加入,一般可以改善材料的加工性能,大大降低材料自身的黏度,同时还能改善材料的力学性能和施工性能。因此,在制备橡胶、塑料等高聚物材料时,一般都要添加一定用量的增塑剂。本节主要探讨了增塑剂对硅橡胶性能的影响。

1.增塑剂对硅橡胶表干时间的影响

增塑剂对硅橡胶表干时间的影响见图 3-28。

在密封胶的制备过程中,添加适当比例的增塑剂是必需的。对于增塑剂的用途,一般认为增塑剂的加入会导致高分子链相互作用减弱,从而起到改善高分子聚合物触变性的作用,达到增塑的效果。

增塑剂对于复合材料的作用一般可分为三种作用方式[90]：（1）非极性增塑剂添加进入非极性高聚物，其增塑机理是增塑剂分子介于高聚物大分子之间，增大了高聚物大分子之间的距离，减弱了大分子之间的作用力，即增塑剂起到了"隔离"的作用。（2）增塑剂加入高聚物中后，增塑剂的非极性部分对聚合物的极性基团会产生"隔离"和"稀释"作用，从而使得聚合物相邻的极性基团不发生相互作用或者其相互作用减弱，即增塑剂的加入对高聚物的极性基团起到了"屏蔽"作用。（3）极性增塑剂加入高聚物中后，增塑剂的极性基团能与聚合物的极性基团发生耦合作用，从而破坏原来聚合物分子间的极性连接，即增塑剂的加入对高聚物的极性基团起到了"耦合"作用。

　　在本研究中，加入的是一种非反应性的有机硅增塑剂——二甲基硅油，它与硅橡胶基体具有较好的相容性。因增塑剂为非反应性的，将其加入到硅橡胶基体中，相当于起到"稀释剂"的作用[91]，对体系中的反应活性基团起到了一定的"稀释"和"隔离"的作用，从而降低了整个硅橡胶体系的反应速度，延长了表干时间。从图 3-28 中，可以看出，当增塑剂用量为 20 phr 时，表干时间为 38 min 左右，随着增塑剂用量的增大，硅橡胶表干时间明显延长。当增塑剂用量为 100 phr 时，硅橡胶的表干时间为 110 min 左右，较用量为 20 phr 时，表干时间延长了近 3 倍。

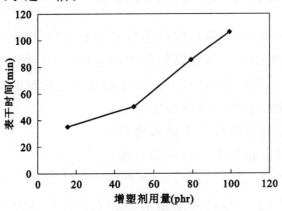

图 3-28　增塑剂用量对硅橡胶表干时间的影响

　　增塑剂用量过多会引起胶体黏度太低,而且会延长密封胶的表干时间,影响正常工程使用;添加量不足则会使胶体黏度太大,影响施工。添加适当用量的增塑剂能使硅橡胶密封胶具有较好的力学性能和自流平性,便于施工。因此,合理控制增塑剂的用量对密封材料施工起着至关重要的作用。

　　2.增塑剂对硅橡胶交联密度的影响

　　增塑剂二甲基硅油对硅橡胶交联密度的影响见图 3-29。从图中可以发现:随着增塑剂用量的增加,硅橡胶体系两交联点之间链相对分子质量逐渐增大,也即交联密度逐渐减小。正如前所述,增塑剂的加入对硅橡胶体系中的反应活性基团起到了一定的"稀释"和"隔离"的作用,也称为"屏蔽"作用,减小了分子之间的作用力。另外,增塑剂的加入,造成硅橡胶基料中的活性基团的浓度下降,结果使得单位面积内分子链的交联点减少,也即硅橡胶的交联密度减小。

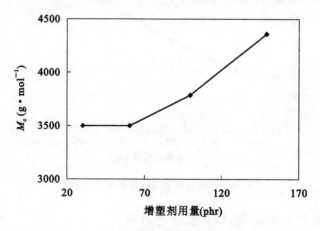

图 3-29　增塑剂用量对硅橡胶交联密度的影响

　　3.增塑剂对硅橡胶硬度的影响

　　增塑剂在高聚物复合材料中占的比例较大,其主要作用是降低胶的黏度,改善挤出性,优化材料的硬度、伸长率等指标。在实际工业生产中,人们可根据增塑剂用量的多少估算材料的硬度。如在塑料中添加增塑剂,可依照增塑剂(DOP)含量的多少估算 PVC 材质

的硬度。一般 DOP 含量在 10％以下时 PVC 为硬质；DOP 含量在
38％以上时 PVC 则为软质，因此可以通过调节增塑剂的用量制备软
质、硬质材料[92]。本研究主要探讨了增塑剂二甲基硅油对硅橡胶密
封材料硬度的影响，如图 3-30 所示。

从图 3-30 中可以看出，随着增塑剂用量的增大，硅橡胶体系的
针入度变大，硬度减小。这是因为硅橡胶固化后分子链间含有氢键
和 Si—O—Si 的交联键，形成的三维网络结构使聚合物具有一定的
刚性；硅橡胶体系中的增塑剂起着"软化剂"的作用，增塑剂的增加对
交联剂、基胶等反应物起到了稀释作用，减少了聚合物分子链间的连
接点数目，从而在一定程度上减小了硅橡胶体系的交联密度，降低了
三维结构的刚度，最终导致硅橡胶硬度的减小。

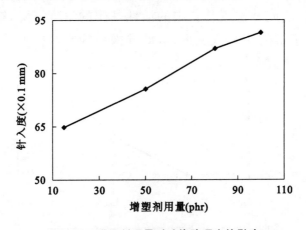

图 3-30   增塑剂用量对硅橡胶硬度的影响

4.增塑剂对硅橡胶力学性能的影响

图 3-31 为增塑剂对硅橡胶密封材料力学性能的影响。从图中
可以看出：随着增塑剂用量的增大，硅橡胶的抗拉强度从 0.87 MPa
左右降低到 0.4 MPa，呈现下降趋势；由于分子链的增加和交联密度
的减小，当增塑剂用量从 15 phr 增加到 100 phr 时，硅橡胶的断裂伸
长率从 400％逐渐增大到 600％以上。

在本体系中，所采用的增塑剂为非反应性的二甲基硅油，其主要

作用为"隔离"和"稀释"作用,增大了硅橡胶大分子间的距离,减弱了分子链间的相互作用,降低了链段移动所需能量。随着增塑剂用量的增多,这种"隔离"和"稀释"作用也越强,从而使得硅橡胶抗拉强度下降。同时,增塑剂的屏蔽作用使得硅橡胶的各反应基团之间不能充分发生反应,更大程度上减弱了硅橡胶分子链之间的相互作用,增强了分子链之间的相对运动能力,因而使得硅橡胶体系的断裂伸长率增大。

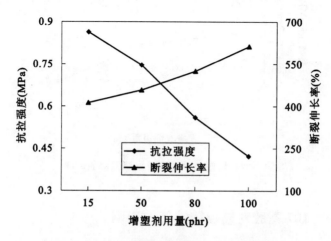

图 3-31 增塑剂用量对硅橡胶力学性能的影响

5.增塑剂对硅橡胶黏结强度的影响

增塑剂对硅橡胶黏结强度的影响见图 3-32。从图 3-32 中可以看出:随着增塑剂用量的增大,硅橡胶与水泥块的黏结强度越来越小,试样所发生的破坏以界面黏结破坏为主,其原因可从硅橡胶的黏结机理来解释。硅橡胶与水泥块的黏结机理为硅橡胶中的活性基团与水泥块表面的活性基团发生反应,从而形成化学键作用。所用增塑剂为非反应性增塑剂,对硅橡胶活性分子起稀释作用,造成单位体积内的活性基团数量减少,对于活性基团接触水泥块基材有一定阻碍作用;另外,增塑剂越多,越会抑制增黏剂中硅氧烷与水发生水解形成硅醇的水解反应,进而抑制了 Si—O—Si 结构的形成。此外,增塑剂的加入量增大会使增塑剂迁移到被黏物的表面形成弱界面的可能性增大[93-94]。所以,增塑剂用量越大,黏结强度越小。如前所述,增塑剂的加入对硅橡胶力学强度产生影响。虽然增塑剂的加入减小了硅橡胶自身力学强度,但其自身力学强度仍大于界面黏结强度,所以试样破坏形式仍以界面黏结破坏为主。

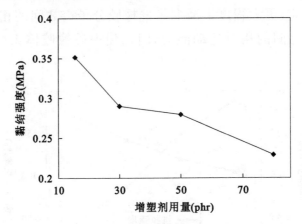

图 3-32　增塑剂对硅橡胶黏结强度的影响

3.3.6　107 基胶对硅橡胶性能的影响

1. 107 基胶对硅橡胶硬度的影响

107 基胶是影响硅橡胶硬度的一个重要方面,更准确地说,107基胶的黏度对硅橡胶的硬度起决定作用,而 107 基胶的黏度大小是分子链长短的直接反映。不难理解:分子链越短,单位体积内的交联点数越多,其分子交联网络结构的交联密度越大;反之,分子链越长,单位体积内的交联点数越少,其分子交联网络结构的交联密度越小[95],如图 3-33 所示。

107 基胶对硅橡胶硬度的影响见图 3-34。从图 3-34 中可以看出:随着 107 基胶黏度的增大,硅橡胶的针入度逐渐增大,说明其硬度逐渐减小。在 107 胶黏度较低时,分子摩尔质量较小,分子链较短。当发生聚合反应后,硅橡胶的交联密度增大,造成硅橡胶的表观密度增大,硅橡胶的硬度增大。

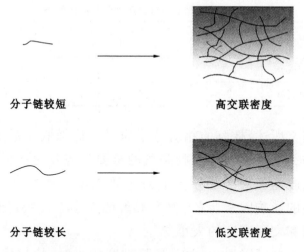

分子链较短　　　　　　　　　　　高交联密度

分子链较长　　　　　　　　　　　低交联密度

图 3-33　分子链长度与交联密度的关系

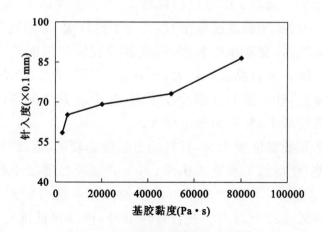

图 3-34　107 基胶对硅橡胶硬度的影响

随着 107 基胶黏度的增大,其分子摩尔质量增大,分子链增长,羟基的含量降低,交联密度变小,使得硅橡胶的硬度逐渐减小。

2. 107 基胶对硅橡胶力学性能的影响

107 基胶对硅橡胶力学性能的影响见表 3-4。

表 3-4　基胶黏度对硅橡胶力学性能的影响

基胶黏度（MPa・s）	2 万	2 万：5 万＝1：4	2 万：5 万＝2：3	2 万：5 万＝4：1	5 万
抗拉强度（MPa）	1.17	0.943	1.15	0.85	0.825
断裂伸长率（%）	502.84	547.73	665.56	535.42	565.35

正如前文所述，橡胶的相对分子质量与硅橡胶制品的力学性能有着紧密的关系。作为硅橡胶制备的重要反应物之一的 107 基胶，对控制硅橡胶的相对分子质量起着重要作用。其中，107 基胶的黏度是最重要的影响因素。107 基胶黏度的大小直接决定着硅橡胶相对分子质量和交联密度的大小[96]。

从表 3-4 中可以看出：107 基胶黏度较小时，抗拉强度较大，断裂伸长率较小。随着 107 基胶黏度增大，抗拉强度减小，断裂伸长率增大。这是因为，基胶黏度较小时，其分子链较短，摩尔质量较小，端羟基的含量较高，交联密度较大，造成硅橡胶抗拉强度较大，断裂伸长率较小。随着基胶黏度的增大，相对分子质量增大，羟基硅油中的羟基含量降低，硅橡胶的交联密度下降，分子链柔性提高，宏观上表现为抗拉强度减小，断裂伸长率增大。

当 107 基胶黏度较大时，材料的力学性能较优，但胶料流动性和挤出性较差，使得加工和施工困难；当 107 基胶黏度较小时，虽然流动性好，易于加工，但固化后材料的抗位移变形能力较差[97]。使用黏度较大和黏度较小的 107 混合胶作基胶，可以保证混合胶的流动性，同时使得固化后硅橡胶的力学性能大大提高[98-99]。

由试验数据可知，两种不同黏度的基胶进行复配与单一黏度的基胶相比，能使制备出的硅橡胶的力学性能更优越，且兼顾各项性能。同时发现，高黏度 107 基胶在复配中比例较大时，力学性能较优。但高黏度 107 基胶过量会造成混合基胶的黏度过高，影响加工。

试验表明：当基胶黏度为 2 万与 5 万的基胶，其用量比为 2：3 时，抗拉强度和断裂伸长率性能都较优。其可能原因是，当 2 万：5 万＝2：3 时，所制备的硅橡胶形成的网状分子链链长适宜，柔顺性较好,能较好地将应力通过交联点分散到周围的分子链上,所以硫化硅橡胶的整体力学性能较优。

3.3.7 扩链剂对硅橡胶性能的影响

1.扩链剂对硅橡胶表干时间的影响

扩链剂对硅橡胶表干时间的影响见图 3-35。

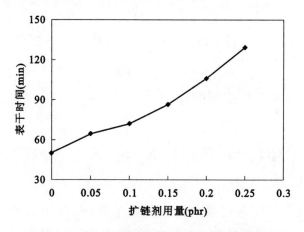

图 3-35 扩链剂用量对硅橡胶表干时间的影响

加入扩链剂是制备低模量、高伸长率密封材料的一个重要方法[100-102]。在本研究中,在探讨扩链剂对硅橡胶密封材料力学性能影响的同时,也探讨了其对整个体系反应速率的影响,即对表干时间的影响。

从图 3-35 中可以看出,随着扩链剂用量的增大,表干时间逐渐延长。未添加扩链剂的体系的表干时间约为 50 min,当扩链剂用量为 0.05 phr 时,其表干时间为 62 min,较大程度地延长了体系的表干时间;进一步增大扩链剂的用量,表干时间继续延长,当扩链剂用量增大到 0.25 phr 时,表干时间延长到 130 min 左右。这说明扩链剂的加入能很大程度地影响体系的反应速率,从而延长其表干时间。同时通过试验发现:当扩链剂用量大于 0.3 phr 时,硅橡胶体系已很难完全固化,即使在室温下放置一周甚至更长时间,仍然显示为黏稠状的未完全固化态,此时已完全失去作为密封材料使用的意义。

扩链剂加入硅橡胶体系,制备低模量、高伸长率的密封材料的反应机理主要是扩链剂通过与 107 基胶的活性 Si—OH 基团反应,使得硅橡胶分子支链增长。分析认为:在整个硅橡胶密封材料制备过程中,主要存在着如下几种反应:

① 107 基胶与交联剂的反应

$$HO \underset{Me}{\overset{Me}{-\!\!\!\left[Si\!-\!O \right]\!-\!}} H + R''O \underset{OR''}{\overset{R}{-\!\!Si\!-\!OR''}} \longrightarrow 交联体 \qquad (3\text{-}13)$$

② 107 基胶与扩链剂的反应

$$HO \underset{Me}{\overset{Me}{-\!\!\!\left[Si\!-\!O \right]\!-\!}} H + X \underset{R}{\overset{R}{-\!\!Si\!-\!X}} \longrightarrow 扩链 \qquad (3\text{-}14)$$

其中,107 基胶与交联剂的反应是主反应,决定着整个交联体系的反应速率。扩链剂的加入在一定程度上对 107 基胶与交联剂的反应产生了"阻碍"作用,使得高分子链增长,且会减小密封胶的内部交联点密度,减缓体系反应速率,从而延长了硅橡胶体系的表干时间。

因此,硅橡胶体系中扩链剂的用量,应在一个合理的范围内。扩链剂用量过多,基础聚合物的羟基将有可能全部被扩链剂所取代,在无水条件下仍为支链结构,不会发生交联,引起固化困难[103]。

2. 扩链剂对硅橡胶交联密度的影响

扩链剂对交联密度的影响见图 3-36。

由于采用的扩链剂反应活性非常大,较整个硅橡胶的交联体系来说,虽然存在竞争,但扩链反应仍明显强于整个体系的交联反应,也即整个体系发生了先扩链后交联的反应。而扩链反应使得硅橡胶体系交联点间分子链长度增长,直接导致了硅橡胶体系交联密度的减小,这一点可以从图 3-36 中得到证实。

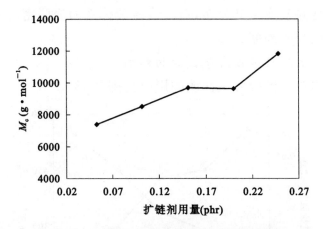

图 3-36 扩链剂用量对硅橡胶交联密度的影响

3. 扩链剂对硅橡胶硬度的影响

扩链剂的加入能使聚合物分子链增长再支化交联,它对硅橡胶体系最直接的影响是改变了分子链的拓扑结构,从而改变了分子网络的交联密度,最终对整个硅橡胶体系的性能产生影响[104]。对硅橡胶硬度的影响是其中的一个重要方面。扩链剂对硅橡胶硬度的影响见图 3-37。

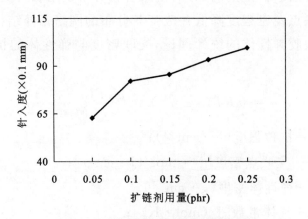

图 3-37 扩链剂用量对硅橡胶硬度的影响

从图 3-37 可以看出:随着扩链剂用量的增大,硅橡胶针入度增大,硬度减小。随着扩链剂用量的增大,分子链长增加,降低了交联点疏密程度并改变了其分布,造成硅橡胶体系的交联密度减小,从而减小了硅橡胶的硬度。

4. 扩链剂对硅橡胶力学性能的影响

扩链剂对硅橡胶力学性能的影响见图 3-38。

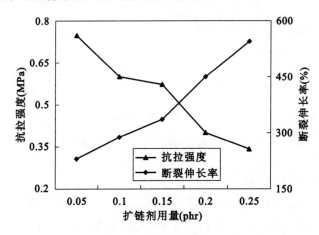

图 3-38　扩链剂用量对硅橡胶力学性能的影响

正如前所述,扩链剂的加入是制备低模量、高伸长率密封材料的一个重要方法。扩链剂的加入,使聚合物分子链增长再支化交联,最终使得交联点疏密程度降低并改变其分布的网络拓扑结构。

根据橡胶弹性体的统计理论,交联密度与弹性体的抗拉强度有如下关系[105]:

$$\sigma = v_e RT(\alpha - \alpha^{-2}) = \frac{\rho RT(\alpha - \alpha^{-2})}{M_c} \qquad (3-15)$$

式中　σ——抗拉强度($N \cdot cm^{-2}$);

　　　　v_e——交联点密度[$N \cdot mol/(J \cdot cm^2)$];

　　　　ρ——弹性体密度($g \cdot cm^{-3}$);

　　　　R——气体常数[$J/(mol \cdot K)$];

　　　　T——绝对温度(K);

　　　　α——伸长率;

　　　　M_c——弹性体交联点间有效网络平均相对分子质量(g/mol)。

　　扩链剂的加入在很大程度上减小了硅橡胶材料的交联密度,这一点可以从上面扩链剂对交联密度影响的探讨中得到证实。从式(3-15)中可以知道,弹性体的抗拉强度与交联点之间的有效网络平均相对分子质量或分子链长度成反比,与交联密度成正比。由此可以推断,随着扩链剂用量的增大,硅橡胶抗拉强度逐渐减小。

　　另外,扩链剂的加入,导致硅橡胶体系内部交联点之间的链相对分子质量增大,分子链变得更加卷曲,造成材料断裂伸长率增加,抗位移变形能力增强[106]。从图 3-38 中可以看出,随着扩链剂用量的增大,硅橡胶密封材料的抗拉强度明显降低,断裂伸长率明显增大,说明扩链剂的加入起到了很好的"扩链"作用。

3.4　本章小结

　　(1) 随着催化剂用量的增大,硅橡胶固化反应速率加快,硅橡胶表干时间缩短;随着交联剂用量的增大,表干时间增长,硅橡胶体系交联点密度逐渐增大,硅橡胶硬度增大;当交联剂用量在一定范围内增加时,硫化胶的交联密度增大,故拉伸性能变好,硬度变大,并保持较适宜的伸长率。但交联剂过多时,交联密度过大,硫化胶过硬,弹性不足,导致断裂伸长率过低。

　　(2) 随着增黏剂用量的增大,表干时间变短;增大增黏剂用量,交联点间链相对分子质量减小,说明其交联密度增大,硬度增大;硅橡胶密封胶的抗拉强度随着增黏剂用量的增大而增大,断裂伸长率变小。进一步增大增黏剂的用量,硅橡胶的抗拉强度反而降低。随着增黏剂用量的变化,硅橡胶密封胶也经历了从黏结破坏→内聚破坏→混合破坏的变化。当增黏剂用量较小时,黏结强度较小;随着增黏剂用量的增大,黏结强度逐渐增大,但进一步增大增黏剂的用量,黏结强度反而再次减小。

　　(3) 随着改性填料用量的增加,硅橡胶表干时间呈直线缩短趋势,硅橡胶交联体系中分子交联点间的链相对分子质量逐渐减小,说明交联密度逐渐增大,硅橡胶的硬度增大;较同等用量的未改性填料,经有机改性的填料填充体系,硅橡胶的硬度明显小于未改性填料体系硅橡胶硬度,随着改性填料用量增加,硅橡胶力学性能增强,进一步增大填料用量,硅橡胶力学性能反而下降;填料用量的多少对硅橡胶的黏结强度影响不大。

(4)随着增塑剂用量的增大,硅橡胶表干时间明显延长,橡胶的交联密度变小,硬度降低,硅橡胶的抗拉强度降低,断裂伸长率逐渐增大,黏结强度越来越小。

(5)随着107基胶黏度的增大,硅橡胶的针入度逐渐增大,说明其硬度逐渐减小;随着107基胶黏度增大,抗拉强度降低,断裂伸长率增大。

(6)随着扩链剂用量的增大,表干时间逐渐变长,交联密度减小,硬度减小,抗拉强度明显降低,断裂伸长率增大。

4 填料与硅橡胶相互作用研究

4.1 概 述

4.1.1 填料补强及其补强机理的研究

1. 填料补强

通过在橡胶中加入无机填料来改善橡胶的自身性能,是橡胶改性的一个重要方面,也即橡胶的补强过程。橡胶补强能提高硫化橡胶定伸应力,并能提高抗撕裂强度、耐磨性、抗破坏能力等。作为补强的填充剂,其填充橡胶的主要作用包括:① 对生胶起补强作用。② 降低生产成本。③ 改善未硫化胶料的工艺性能,诸如挤出性、压延性、触变性等。橡胶等材料未经填料增强时,机械强度往往较低,一般仅有 $0.2 \sim 0.3$ MPa[107]。

补强填料是指填料中具有补强作用的一类矿物材料。在橡胶补强应用中,补强填料的用量一般较大,几乎与橡胶自身的用量相当。橡胶最常用的补强填料主要是无机填料,如碳酸钙、滑石粉、炭黑、白炭黑等。

在填料补强橡胶过程中,填料的性质及其与橡胶的相互作用是影响最终补强效果的两个重要因素。一般认为,填料粒子对橡胶的增韧、增强机理主要具有以下几个特征[108-110]:

(1)补强体系中的填料粒子可作为聚合物交联体系分子链的交联点,对改善填充复合材料的力学强度等特性具有重要贡献。

(2)当填充橡胶交联体系受到外界冲击或辐射作用时,补强填料粒子可吸收外界冲击能量与辐射能量,避免橡胶交联体系出现应力集中现象,使其达到力学平衡状态。

(3) 当填料填充体系受到外力作用而产生裂纹时,填料粒子具有能量传递效应,使基体材料裂纹的扩展受阻和钝化,最终终止裂纹发展趋势,达到避免材料出现破坏性开裂的目的。

(4) 补强填料的粒径和用量对填料的最终补强效果有很大影响。随着填料粒子粒径的减小,也即粒子的比表面积增大,填料微粒与橡胶基体的接触面积增大。当材料受到外界冲击作用时,材料内部将产生更多的微裂纹,填料微粒能吸收更多的冲击能量,从而能有效提高材料的抗冲击性能。若填料粒径较大或填料微粒用量过多,填料粒子易发生团聚,橡胶材料易出现应力集中现象,内部微裂纹易发展成宏观开裂,最终导致材料力学性能下降。

2. 补强机理

以上的各论点较好地解释了填料特性对于聚合物复合材料性能的影响。关于填料补强橡胶等复合材料,国内外学者也提出了相关理论来进一步解释其补强机理,橡胶补强与补强填料的基础理论方向也是关于橡胶填充补强机理的研究。目前,关于橡胶补强机理主要有以下几种理论[111-113]。

(1) 容积效应

该补强机理是通过研究炭黑填料填充体系的流变特性和"应力软化效应"所提出的。提出该机理的前提是假设在应力作用下,炭黑填料粒子本身未发生变形。由于炭黑填充胶料中橡胶相的形变比外观形变大,因此称之为"容积放大效应"。

(2) 强键和弱键学说

这一理论最早由 Blanchard 和 Parkinson 通过对一系列不同的补强填料以及非补强填料的研究提出。该理论研究认为,补强填料具有良好的补强效果,其前提是填料表面必须具有高活性。填料补强效果与填料表面活性高低有关。填料表面活性越高,则补强效果越好;反之,活性越低,补强效果越差。如炭黑经石墨化后,表面失去活性,导致抗撕裂强度和耐磨性能等都呈现出下降趋势。云母粉填料的粒子尽管很小,但因表面缺乏活性,与橡胶之间没有化学键合作用,因此云母粉填料对橡胶的补强效果较差。他们认为,炭黑与橡胶分子链的结合是各种能量不同的键共同作用的结果。它们之间既有弱的物理吸附作用,也有少数强的化学键合作用。填料表面的强键数目将直接影响硫化胶的抗拉强度、抗撕裂强度和耐磨耗性能等。强键的数目越多,则填料对橡胶的补强效果越好;反之,强键数目越少,填料对橡胶的补强作用越弱。

（3）有限伸长学说

这一理论最早由 Bueche 提出,他通过对填充橡胶体系的应力软化效应的结果进行分析后认为,能对橡胶起到有效补强作用的补强填料,应同时具备两个必要条件:① 填料与橡胶胶料之间应具有良好的相容性,填料应可以完全分散在橡胶基体内(填料粒子的直径一般应小于 100 nm);② 填料微粒表面应具有一定活性,并且能直接与橡胶分子链结合,形成化学交联。在未补强体系中,橡胶分子链在应力作用下的伸长有一定的限度,超过这个限度就会发生断裂。对于经填料补强的硫化胶,当受到外力作用拉伸时,由于填料粒子之间有为数众多的橡胶分子链连接,一条分子链断了,应力可由其他分子链承担,故补强填料起着均匀应力的作用。

（4）二维结构层补强机理

二维结构层补强理论认为:填料对橡胶的补强作用主要是由于橡胶分子链在填料粒子表面上相互作用,形成了取向排列的二维状态。所谓二维状态,是指橡胶大分子链被吸附在填料粒子表面上,呈现特殊的平面取向状态。随着补强填料粒子在橡胶中分散程度的提高,转变到粒子表面上这种取向的二维状态的橡胶量也随之增多,从而提高了整个填充体系的机械强度。试验表明,若要使橡胶大分子链更多地转变成二维状态,除了要提高粒子在橡胶中的分散程度外,还需要提高填料粒子表面对橡胶的润湿程度,即增强对大分子的吸附能力。这一点跟炭黑粒子间橡胶链的有限伸长学说的论点相类似。

（5）结合胶"壳层结构模型"理论

该理论认为，由于填料粒子与橡胶大分子之间相互作用，因此在填料粒子表面上形成了一层结合牢固的有机橡胶层，该层中的橡胶大分子链段因其运动受到强力阻碍而呈平面取向状，填料粒子表面似围绕着一层"类玻璃态"的橡胶"壳"，故该补强机理名为"壳层结构模型"理论。

1964 年藤本邦彦结合核磁共振的研究结果，提出了炭黑填充的硫化胶的非均质模型（图 4-1），非均质结构主要由 A、B、C 三相组成。图中 A 相为自由大分子，B 相为交联结构，C 相为双壳层。该理论认为 C 相起着骨架作用，"骨架"连接着具有弹性的 A 相和 B 相部分，构成一个橡胶大分子与填料的整体网络结构，改变了硫化胶的结构，因而提高了硫化胶的物理机械性能。

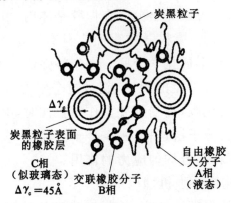

图 4-1　炭黑填充的硫化胶的非均质模型

注：A 相—进行微布朗运动的橡胶分子链；B 相—交联团相；C 相—被填料束缚的橡胶相。

（6）大分子链滑动补强机理

该理论提出的前提是假设橡胶大分子能在填料表面上自由滑动。填料粒子表面的活性大小不均一，存在少数强的活性点以及一系列能量不同的吸附点。吸附在填料表面上的橡胶分子链可以有各种不同的结合能量，多数为弱的范德华力吸附，少量为强的化学键吸附。当硫化橡胶体系受到外力作用时，吸附的橡胶链会在应力作用下滑动伸长。

为了更好地了解大分子滑动学说的基本概念，可用示意图（图 4-2）来帮助理解。

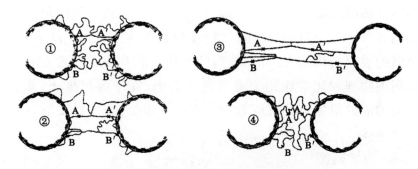

图 4-2 橡胶大分子滑动学说补强机理模型

① 表示橡胶胶料处在原始状态，也即松弛状态，长短不等的橡胶分子链由于化学键合和物理吸附作用而被吸附在填料粒子表面上。

② 当填充体系受到外力作用而伸长时，橡胶分子链中最短的链不是发生断裂，而是沿着填料粒子表面滑动。此时应力由多数伸直的分子链所承担，并且越来越多的应力负荷被分摊到这些橡胶分子链中，达到应力的均匀化分布。

③ 当填充体系继续伸长时，橡胶分子链在填料表面将再次发生滑动，导致橡胶分子链的高度取向。由于存在滑动摩擦，胶料有滞后损失。滞后损失会消耗一部分外力功，转变为热量，使橡胶不受破坏。

④ 补强橡胶试样在发生拉伸松弛后，由于橡胶交联网状结构的存在而产生收缩。胶料回缩后填料粒子间橡胶分子链的长度大致相同，再伸长时橡胶分子链就无须再滑动一次，导致再伸长所需应力下降，因而产生应力软化效应。在适宜的情况（如膨胀）下，经过长时间后，由于橡胶分子链的热运动，吸附与解吸附达到动态平衡，填料粒子间分子链重新分布，胶料又恢复至接近原始的状态。由于网状结构链

是在应变作用下发生破坏以及再生的,因此其复原是不完全的。

（7）炭黑表面结构模型

该理论认为,活性填料的表面不是连续光滑的,且填料的表面结构对弹性体的增强效果有较大影响,而且根据填料不同的尺度范围,分别具有以下三个机理:在小尺度(填料粒径在 100 nm 以下)下,由于填料的表面结构是多维的,填料的几何形状和表面活性在填料-聚合物间的物理和化学作用上有着极大影响;在中等尺度下,填料-填料之间形成的聚集体和凝胶效应占据主导地位;在大尺度下,填料会形成聚集体。

（8）力学模型

力学模型这一理论主要探讨了聚合物和补强填料之间的相互作用力以及填料聚集体之间的相互作用力,上述两种作用关系分别可以用线性的和非线性的力学模型来描述。填料聚集体与聚合物之间的作用力可以用一个线性的弹簧-气阀系统来描述。由于聚集体之间是以范德华力连接的,而范德华作用力与距离呈指数关系,因此填料聚集体之间的作用力可以用一个非线性的弹簧来描述。当弹性体发生变形时,填料聚集体与聚合物之间的相互作用力会使得填料聚集体的位置发生变化。这一理论主要包括以下几个要点:① 聚合物的线性弹性行为和填料聚集体的非线性弹性行为对复合材料的复数模量有一定的贡献。② 当发生变形时,聚合物与填料聚集体会分开,而填料聚集体之间的范德华作用力又会使它们重新结合。③ 由于填料聚集体之间范德华力的特殊性,聚集体可以存在两种稳定的平衡点:结合或分离。④ 聚集体从结合到分离的转变是复数模量 G' 随剪切速率增大而变小的主要原因。

（9）范德华网络模型

该理论认为,当填充橡胶受到外力作用而产生变形时,在填料粒子之间的吸留胶的形变将远大于宏观形变,所以填料粒子聚集体会产生内部滑移现象。填料粒子聚集体的滑移是塑性变形,它是硫化胶产生 Mullins(马林斯)效应的原因。橡胶的增强作用主要来自于对填料粒子分开的反抗作用。

（10）其他

除了上述涉及的一些理论和机理外，还有一些独立的新观点对橡胶补强机理进行了阐述和补充，主要包括：

① 能量散逸在补强中占有重要的地位。

② 橡胶分子链的滞后会导致分子链在填料粒子间高度排列。

③ 填料粒子可以劈开裂纹，从而有效阻碍大裂纹的形成。

④ 橡胶分子链滞后不但归因于填料粒子表面吸附的分子链的解吸，也与本体分子链从吸附分子链上解缠结有关。

4.1.2 填料在聚合物基体中的分散与聚集理论[114-116]

1. 填料-橡胶相互作用

（1）结合胶的概念

正如前所述，炭黑、SiO_2 等填料表面存在活性基团，会导致填料和橡胶基料共混时产生强烈的相互作用，形成物理吸附、缠结和化学键合等。填料与橡胶基体相互作用的存在，会使部分本来可以溶于某种溶剂的橡胶，在一定温度、时间的条件下不溶于该溶剂。这部分不溶橡胶就被称为结合橡胶（bond rubber），简称结合胶，其含量可以用来表征填料填充体系内，填料及其网络结构对橡胶分子的作用程度。

在给定的填料/聚合物体系中，结合胶含量的高低是填料与聚合物作用强弱最直接的反映，结合胶的形成过程也是填料与聚合物高分子链之间相互浸润的一个动力学过程。结合胶是聚合物与填料表面相互作用生成的受束缚成分，结合胶的结构示意图如图 4-3 所示。

（2）结合胶形成的原因

结合胶形成的原因主要有以下几点：

① 填料表面吸附有橡胶分子链，要同时除去填料表面所有的被吸附的橡胶分子链是不容易的。只要有一两个被吸附的链节不能除去，就有可能使这部分橡胶成为结合胶。

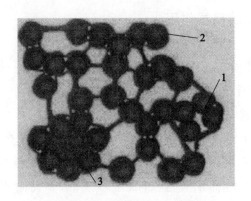

图 4-3　结合胶的结构示意图

1—刚性结点(填料颗粒和填料颗粒之间直接连接,未涉及柔性分子链);

2—柔性结点(填料颗粒和填料颗粒之间有高分子柔性链连接);

3—结合胶(填料颗粒表面相互作用生成的受束缚成分)

② 吸附在填料表面的橡胶分子链与填料表面的活性基团相结合,或者橡胶基料在加工过程中经过混炼和硫化等工艺,产生了大量的橡胶自由基或离子与填料结合,形成化学吸附,使这部分橡胶不溶于溶剂中,成为结合胶。

除了物理吸附和化学吸附之外,结合胶形成的原因还包括机械嵌合的相互作用等。

(3) 结合胶形成的影响因素

结合胶的形成取决于很多因素,主要包括:填料的特性(粒径、表面和结构)、高分子特性(化学结构、微观结构,如构象、相对分子质量和相对分子质量分布)、加工工艺(混炼工艺、储存时间)和环境温度、选用的试剂等。下面分别介绍几种主要因素对结合胶的影响。

① 储存时间

在实际工业生产中,混炼橡胶的胶料通常需要存储或者停放一段时间。该存储过程可以使各种助剂得以进一步浸润并均匀分散于橡胶胶料中,同时也会导致结合胶的含量发生变化。Choi Sung-Seen 等研究了白炭黑和炭黑填充丁苯橡胶体系中,结合胶含量在储存停放过程中因时间、温度等影响因素而产生的变化。试验结果表明:随着储存、停放时间的延长,混炼体系的结合胶含量会呈现明显的增大趋势。

② 填料与聚合物之间的相互作用面积

一般认为,结合胶含量的多少与填料比表面积成正比。随着填料粒径的减小,可吸附表面积增大,导致吸附量增加,即结合胶含量增加。

③ 温度的影响

将混炼好的试样放在不同温度下保持一定时间后测定结合胶含量,从而探讨环境温度对结合胶含量的影响。试验结果表明:随着处理温度升高,即吸附温度升高,结合胶含量明显增大,这种现象和一般吸附规律一致。

与上述现象相反,混炼温度对结合胶的影响却是混炼温度越高,则结合胶含量越少。这可能是因为温度升高,橡胶变得柔软而不易被机械力破坏而断链形成大分子自由基,炭黑在这样柔软的橡胶环境中也不易产生断链形成自由基,导致在高温炼胶时,结合胶含量会比低温炼胶时产生的少。

④ 橡胶性质影响

结合胶含量与橡胶的不饱和度以及相对分子质量大小有密切关系。橡胶不饱和度越大,相对分子质量越大,生成的结合胶将越多。表 4-1 为不同橡胶相对分子质量对 SBR 的结合胶含量的影响。

表 4-1 橡胶相对分子质量对结合胶含量的影响(HAF 炭黑)

SBR 相对分子量 M_t	M_t/M_{2000}	结合胶(mg/g)
2000	1	45.7
13400	6.7	60.9
300000	150	145.0

⑤ 混炼薄通次数的影响

在天然橡胶制备过程中,对混炼薄通次数对结合胶含量的影响进行研究,结果表明:随着混炼薄通次数的增多,结合胶含量减少。

这是因为橡胶分子链在混炼薄通时会产生力学断链以及氧化断链，而这种断链可能切断了与吸附点的连接，导致结合胶含量减少。

⑥ 填料改性

填料的改性可以有效改善填料微粒在橡胶中的分散，使填料与橡胶有更大的接触面积，相容性提高。同时，填料与橡胶之间的界面产生了化学结合作用，会导致吸附于填料表面的橡胶分子链数目显著增加。因此，结合胶的含量也会随着填料改性而明显地增加。

2. 填料-填料相互作用

对于填料填充的聚合物体系而言，填料微粒间的相互作用主要来自静电斥力、范德华力和布朗运动力等，这些因素导致了填料颗粒之间容易发生相互聚集。

可以想象填料颗粒在橡胶这种高黏度的介质中，也同样存在填料颗粒缓慢聚集现象，但要比在低黏度的液体介质中慢些。因此，填料/聚合物体系在混合后存在大量的相互隔离的填料颗粒、一次聚集体和聚集体。当填料的体积分数足够高，超过某一临界体积分数时，填料会在填料颗粒之间相互作用力的驱动下相互聚集絮凝，形成无限相连的三维的填料网络结构。

4.1.3　填料表面处理方法及作用机理

1. 填料表面结构研究

在填充高分子材料中所使用的填料大部分是天然的或人工合成的无机填料，这些无机填料表面一般具有极性，呈现出亲水、疏油的特性。这些填料微粒直径很小，粒子粒径在 $0.01 \sim 1\ \mu\mathrm{m}$ 范围内。下面以白炭黑为例，介绍填料粒子的结构。白炭黑填料的细小微粒表面一般有不同的羟基存在，平均 $100\ \text{Å}^2$ 有 $4 \sim 5$ 个 Si—OH 的基团，表现出较强的亲水性。红外光谱研究证实，白炭黑粒子表面羟基主要有隔离羟基、相邻羟基等。就化学组成而言，白炭黑填料表面的特点是有一层均匀的硅氧烷和硅烷醇基团。这些基团具有强烈的吸水性，使得整个白炭黑粒子呈现出亲水性。另外，硅烷醇易于进行化学反应,从而使白炭黑表面(图 4-4)具有活性,易被有机改性。

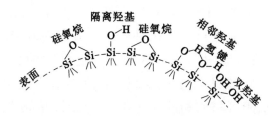

图 4-4 白炭黑表面结构

当填料分散于极性较小的有机高分子材料中时,由于极性差别的存在,填料在橡胶中的浸润性较差,不易分散,二者相容性不好,从而给填充高分子材料的加工性能和制品的使用性能带来不利的影响。因此,通过化学方法或物理方法使其表面极性接近所填充的高分子材料的极性,改善二者的界面相容性是十分必要的。

另外,由于填料粒子的比表面积一般较大,而且存在大量的Si—OH基团,填料粒子之间在氢键、范德华力等分子间作用下容易发生聚集。Wolff 和 Wang[117] 等研究认为,SiO_2 的表面分散能小,但是极化能大,容易导致填料粒子之间强烈的相互作用,这也正是填料粒子需要改性处理的另外一个重要原因。

2.表面改性的化学反应过程及机理

(1)有机物表面处理

对填料粒子进行表面改性处理的有机物,一般是指有机表面活性剂,主要包括脂肪酸(盐)、树脂酸(盐)、阴/阳表面活性剂等。表面活性剂自身结构具有亲水、亲油性,使其能在填料表面上定向排列,导致表面张力变小,使填料的表面性能由亲水变为亲油,有效防止了填料粒子团聚结块,从而改善了填料在油性聚合物基质中的分散性能。

(2)无机物表面处理

在填料表面用无机物进行处理的方式,其主要目的是针对其耐酸、耐候性差等缺陷来进行改性。如各种珠光云母、钛白粉等经过TiO_2 等氧化物处理后,能形成一层致密的包膜,从而具有更好的保光性和耐候性等特性。

（3）偶联剂表面改性处理

用偶联剂对填料进行表面改性处理主要是利用偶联剂分子两端的活性基团的"桥键"作用，来实现填料与有机物的良好结合。偶联剂分子一端的活性基团可与填料表面的活性基团发生键合作用，而另一端的活性基团可与有机高分子发生化学反应或机械缠绕，从而通过偶联剂把两种性质差异较大的材料紧密结合起来，即借助于偶联剂在填料表面与有机高分子基体间形成"分子桥"，从而使填料与有机高分子材料二者的相容性得以提高。

经过上述方法改性处理的填料，能与橡胶大分子链在硫化过程中相互扩散、相互缠结，从而与橡胶基体达到良好的相容，并有可能使填料粒子成为硫化胶网络结构的交联点，参与橡胶的硫化。

3. 硅烷偶联剂改性

偶联剂处理填料表面的方法按偶联剂种类来分，主要包括以下几种：钛酸酯偶联剂表面处理、硅烷偶联剂表面处理、铝酸酯偶联剂表面处理等。其中，硅烷偶联剂是开发最早、应用最广的一类填料表面改性剂。

（1）硅烷偶联剂介绍

硅烷偶联剂是一类具有特殊结构的有机硅化合物，它们的结构通式如下所示：

$$Y\text{—}R\text{—}SiX_3 \tag{4-1}$$

式中，Y是指可以和有机化合物起反应的基团，如乙烯基、氨基、环氧基、巯基等；R是指短链烷的有机基团，如亚甲基等；X是可以进行水解反应并生成—OH（羟基）的活性基团，如烷氧基、乙酰氧基、卤素等。通过硅烷偶联剂，可以在无机材料和有机材料的界面之间架起"分子桥"，把两种性质差异悬殊的材料连接在一起，起到提高复合材料的性能和增强界面黏结强度的作用。

（2）硅烷偶联剂作用机理

关于硅烷偶联剂改性处理填料表面，有如下的相关理论：

① 化学键理论

该理论认为：硅烷偶联剂含有两种不同的化学官能团，它的一端易与无机材料表面的硅醇基团反应形成化学键合；另一端又能与有机物质反应，形成化学键。从而使两种性质差别很大的材料"偶联"起来，形成紧密结合。

硅烷偶联剂能与填料表面的活性羟基发生化学反应，使填料表面由亲水性变为疏水性，从而提高了其与橡胶的相容性。双官能团硅烷偶联剂还可参与橡胶交联反应。经过硅烷偶联剂处理的填料，填料与橡胶的结合力增大，填料分散更加均匀，能避免出现填料聚集的现象。

② 表面浸润理论

要使复合材料具有好的补强填充效果，首要条件就是有机聚合物材料（树脂）对增强材料或填料具有良好的浸润性，也即二者之间应具有较好的相容性。增强材料与树脂的浸润性如何，主要取决于增强材料的固体表面张力和树脂液体表面张力之比。只有在固体表面张力大于液体表面张力的情况下，二者才能达到良好的相容性。

③ 变形层理论

增强填料与有机树脂之间存在着界面区，硅烷偶联剂在界面中是可塑的，可在界面上形成一个厚度大于 10 nm、遭受破坏时能自行愈合的柔性可变形层。此变形层不但能有效松弛界面存在的预应力，而且能有效阻止界面裂缝的进一步扩展，从而很大程度上提高了填料与有机树脂之间的界面黏合强度。

④ 拘束层理论

拘束层理论认为，硅烷偶联剂除与无机物填料表面产生黏合作用之外，还具有在界面上"紧密"聚合物结构的作用。

⑤ 可逆水解理论

该理论认为，当有水存在时，硅烷偶联剂和基材间受应力的键产生断裂，但又能可逆地重新形成。

4.2　填料与硅橡胶相互作用探讨

4.2.1　改性填料模型的建立

填料粒子一般为粒径很小的球形粒子,由于填料粒子表面的结构特点(如前所述),这些填料粒子间靠化学和物理的分子间作用力连接成链状的一次聚集体,聚集体之间依靠氢键、范德华力等微弱的分子间力,易相互作用结合成二次团聚体。另外,填料与有机基料存在极性差异,会导致相容性问题,最终影响复合材料的综合性质。因此,有必要对填料粒子进行改性。

硅烷偶联剂是目前应用较多的一种填料表面改性剂。对于填料改性,改性剂用量是一个重要的影响因素。由于在实际应用中真正起偶联作用的是由很少量的偶联剂所形成的单分子层,因此过多使用偶联剂是不必要的。关于填料改性的偶联剂用量的计算,有一个公式可供依据,如下所示[118]:

$$硅烷偶联剂用量 = \frac{超细粉体用量 \times 超细粉体比表面积}{硅烷最小包覆面积} \qquad (4\text{-}2)$$

另外,还有一种经验分析认为,对于一定量的白炭黑(SiO_2),其可能反应的表面羟基数是一定的。对少量的硅烷偶联剂而言,已有足够的表面羟基可供参与硅烷化反应。随着硅烷偶联剂用量的增加,可反应的硅羟基数量逐渐减少,同时已反应的硅烷偶联剂可能影响其附近的羟基的硅烷化。故对于一定量的白炭黑,存在一个最佳偶联剂的用量,一般认为偶联剂用量为白炭黑用量的 8%～10%(质量分数)较适宜[119]。

在本研究中,采用湖北环宇化工有限公司生产的改性填料,其改性剂主要为烷氧基硅烷偶联剂,硅烷偶联剂用量为白炭黑填料用量的 5%,填料表面预处理工艺如下:

首先配制甲醇：水（或乙醇：水）体积比 1：1 的混合溶剂。加入硅烷偶联剂配成浓度约为 20％的溶液。将此溶液加入白炭黑中，硅烷偶联剂占白炭黑的 2％～6％（质量百分数），密闭条件下机械搅拌 10 min，形成宏观均相的体系。将表面改性处理后的白炭黑在 80 ℃条件下干燥 2 h，即得产物。

分别对未经改性处理的填料和经过表面改性处理的填料进行红外光谱检测，对比分析改性前后填料表面基团变化情况，从而定性分析填料表面改性的结果，如图 4-5 所示。

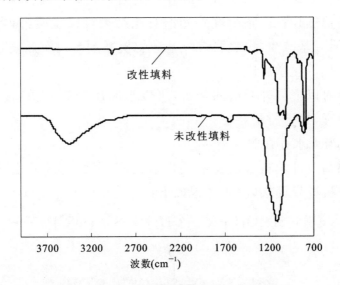

图 4-5　改性填料与未改性填料红外光谱对比图

根据有关文献报道，常用的填料白炭黑的红外光谱一般呈现如下特征峰值：① 没有形成氢键的隔离羟基，其红外特征吸收峰为 3720 cm^{-1}；② 形成了氢键的隔离羟基，其红外特征吸收峰为 3740 cm^{-1} 和 3550 cm^{-1}；③ 形成了氢键的相邻羟基，其红外特征吸收峰为 3660 cm^{-1} 和 3550 cm^{-1}；④ 与水形成了氢键的相邻羟基，其红外特征吸收峰为 3607 cm^{-1} 和 3540 cm^{-1}；⑤ 吸附在单硅醇基上的羟基，其红外特征光谱为 3456 cm^{-1} 和 1460 cm^{-1}；⑥ 内部相邻的羟基，其红外特征吸收峰为 3650 cm^{-1}；⑦ 双羟基，其红外特征吸收

峰为 3500 cm^{-1}和 1604 cm^{-1}。

图 4-5 显示的是填料改性前后的红外光谱图,从图中可以看出:干燥后未经偶联剂处理的填料,$3700\sim3200$ cm^{-1}间存在吸收峰,说明除了有游离的单纯 SiOH 外,还有由 SiOH 分子间形成的氢键缔合,证实了白炭黑填料表面富含羟基。1100 cm^{-1}、800 cm^{-1}处的吸收峰,分别是由 Si—O—Si 键的反对称伸缩振动和对称伸缩振动引起的。从改性之后的红外图谱中,可以看到,$3700\sim3200$ cm^{-1}的吸收峰消失。对比未改性填料的红外光谱,1100 cm^{-1}处 Si—O—Si 伸缩振动峰仍然存在。整个红外光谱对比结果可以说明:白炭黑经改性后,表面羟基减少,也表明烷氧基硅烷偶联剂与白炭黑表面的大部分羟基发生了化学反应。

通过对以上红外光谱的分析,可以推断出硅烷偶联剂改性填料的反应机理,如下所示:

（1）当无水存在时

偶联剂改性填料表面发生了化学反应,表面生成以化学键连接而成的有机硅界面层,反应过程如下:

$$填料{-}Si{-}OH + R{-}(CH_2)_n{-}Si{-}(OR'')_3 \longrightarrow$$

$$填料{-}Si{-}O{-}\overset{\overset{\displaystyle OR''}{|}}{\underset{\underset{\displaystyle R}{\underset{|}{(CH_2)_n}}}{Si}}{-}OR'' + R''OH \qquad (4\text{-}3)$$

（2）当有水存在时

偶联剂在水溶液中处理填料时,因为偶联剂自身水解,则反应过程如下:

$$R{-}(CH_2)_n{-}Si{-}(OR'')_3 \xrightarrow[酸或碱]{水} R{-}(CH_2)_n{-}Si{-}(OH)_3 \qquad (4\text{-}4)$$

$$填料{-}Si{-}OH + R{-}(CH_2)_n{-}Si{-}(OH)_3 \longrightarrow$$

$$\text{填料} - \text{Si} - \text{O} - \underset{\overset{\displaystyle O}{\displaystyle |}}{\overset{\overset{\displaystyle |}{\displaystyle O}}{Si}} - (CH_2)_n - R + H_2O$$

$$\left[R - (CH_2)_n - \underset{\overset{\displaystyle |}{\displaystyle O}}{\overset{\overset{\displaystyle |}{\displaystyle O}}{Si}} - OH \right]_n$$

$$(4\text{-}5)$$

在实际偶联剂改性填料的过程中,因为未能保证绝对的干燥,填料表面会吸附少量的水分,当偶联剂遇到吸附水时,部分烷氧基团发生水解,产生硅醇(Si—OH),一部分硅醇和微珠表面的羟基缩合,另一部分和其他硅烷偶联剂分子中的硅醇缩合,形成多聚体。由此可以得出,硅烷偶联剂改性填料的模型如图 4-6 所示:

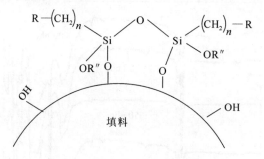

图 4-6　硅烷偶联剂改性填料模型

4.2.2　改性填料与硅橡胶相互作用分析

在填料填充硅橡胶体系中,主要存在着以下几种作用关系:填料-填料相互作用、填料-硅橡胶相互作用[120]。其中,填料-硅橡胶相互作用直接影响着硫化橡胶最终的性能。

填料与橡胶之间的作用主要是强烈的物理吸附和化学键合,下文通过红外光谱、动态力学性能分析来进一步说明填料与硅橡胶的相互作用。

1. 红外光谱分析

前面已经分析了改性填料与未改性填料的红外光谱,结果表明改性之后,填料表面活性基团明显减少,也即填料-填料之间团聚的现象减少。但由于表面残留硅羟基之间氢键的相互作用,当它在聚硅氧烷中分散后,不同粒子间通过其表面的硅羟基产生氢键作用,因此仍有可能会形成填料聚集体。这个填料聚集体的形成跟填料的用量有很大关系。下面主要探讨改性填料用量对填料-硅橡胶相互作用的影响。

图 4-7 是不同改性填料用量下混炼胶体系的红外光谱图,该混炼胶体系主要由改性填料与聚二甲基硅烷(107 基胶)组成。从图中可以看出,各种经改性之后的混合基料在 3700 cm^{-1} 处都仅有微弱的 Si—OH 的 O—H 伸缩振动峰,说明加入的改性填料与基料之间发生了化学反应,硅烷偶联剂很好地起到了改性作用。

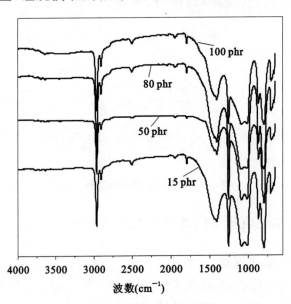

图 4-7　不同改性填料用量下混炼胶体系的红外光谱图

为了更准确地表明不同改性填料用量下的改性效果,同时考虑到在混炼过程中,Si—C 键不会发生化学变化,以不同改性填料用量下 Si—OH 的峰面积 A_1 与 Si—C 键的峰面积 A_0 之比（A_1/A_0）来表征不同用量下，改性填料与 107 基胶的相互作用情况，如图 4-8 所示。

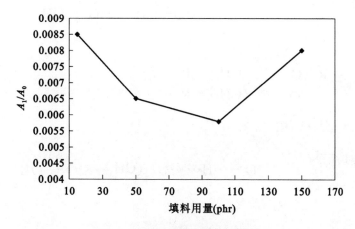

图 4-8　填料用量对峰面积的影响

　图 4-8 所显示的羟基的峰强比可以清晰地反映出改性填料与 107 基胶的相互作用情况。由此可以得出：当填料为 100 phr 时，Si—OH 峰强较其他填充用量的弱，说明形成填料聚集体的趋势较小，也即填料与硅橡胶的相互作用较强，两者界面的相互作用较强，体系中应力分布均匀，从而有利于填料粒子的补强，使得机械力学性能等较优，这与前面对填料用量对硅橡胶力学性能影响的探讨相一致。

　通过分析红外光谱和改性填料模型，认为在 SiO_2 填充硅橡胶体系中，改性填料与硅橡胶基料之间发生了如下的反应：

107 基胶分子式如下：

$$HO {\left[(CH_3)_2 - SiO \right]}_n OH$$

① 与活性填料表面的 —OH 发生化学反应，生成氢键；

$$\text{填料}\left\{\begin{array}{c}\text{R}''\text{O}\quad(\text{CH}_2)_n\!-\!\text{R}\\\text{OH}\;\backslash\text{Si}\diagup\\ \text{O}\quad\quad\text{O}\\ \text{O}\quad\quad\text{Si}\\ \text{R}''\text{O}\quad(\text{CH}_2)_n\!-\!\text{R}\end{array}\right. + \text{HO}\!\!-\!\!\!\left[(\text{CH}_3)_2\text{SiO}\right]_n\!\!\!-\!\!\text{OH} \longrightarrow$$

$$\text{填料}\left\{\begin{array}{c}\text{R}''\text{O}\quad(\text{CH}_2)_n\!-\!\text{R}\\\text{OH}\;\backslash\text{Si}\diagup\\ \text{O}\\ \text{O}\cdots\text{H}\cdots\text{O}^*\!\!\left[(\text{CH}_3)_2\text{SiO}\right]_n\!\!\!-\!\!\text{OH}\\ \text{O}\\ \text{Si}\\ \text{R}''\text{O}\quad(\text{CH}_2)_n\!-\!\text{R}\end{array}\right.\qquad(4\text{-}6)$$

② 与活性填料表面—OR 烷氧基团发生缩合反应,生成小分子。

$$\text{填料}\left\{\begin{array}{c}\text{R}\!-\!_n(\text{CH}_2)\quad\text{OR}''\\\text{OH}\;\backslash\text{Si}\diagup\\ \text{O}\quad\quad\text{O}\\ \text{O}\quad\quad\text{Si}\\ \text{R}\!-\!_n(\text{CH}_2)\quad\text{OR}''\end{array}\right. + \text{HO}\!\!-\!\!\!\left[(\text{CH}_3)_2\text{SiO}\right]_n\!\!\!-\!\!\text{OH} \longrightarrow$$

$$\text{填料}\left\{\begin{array}{c}\text{R}\!-\!_n(\text{CH}_2)\quad\text{O}\!\!-\!\!\!\left[(\text{CH}_3)_2\text{SiO}\right]_n\!\!\!-\!\!\text{O}\!\sim\!\sim\\\text{OH}\;\backslash\text{Si}\diagup\\ \text{O}\\ \text{O}\\ \text{O}\\ \text{Si}\\ \text{R}\!-\!_n(\text{CH}_2)\quad\text{O}\!\!-\!\!\!\left[(\text{CH}_3)_2\text{SiO}\right]_n\!\!\!-\!\!\text{O}\!\sim\!\sim\end{array}\right.\quad +n\text{R}''\text{OH}\quad(4\text{-}7)$$

在存在以上各反应的同时,填料之间还会因形成氢键、范德华力及化学键等而形成填料网络结构[121],见图 4-9。

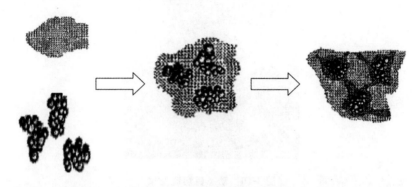

图 4-9　填料网络结构示意图

填料对硅橡胶的补强作用,除了依赖于填料、硅橡胶的自身特点、性质外,更依赖于因填料之间强烈相互作用而形成的填料网络结构、填料-硅橡胶的相互作用。

2.动态力学性能分析

为了分析橡胶的动态力学性能,需要讨论在周期性外力的作用下橡胶的周期性变形,即应力、应变、损耗等随时间、温度、频率、位移等变化而变化的规律。由于在小应变条件下,动态流变行为的测定不会对材料本身的结构造成影响或破坏,采用动态力学性能表征方式,较静态的力学性能表征方式能够更有效地表征填充类聚合物体系填料颗粒的分散状态,从而可以更清楚地了解填料与硅橡胶之间的相互作用情况。

在本研究中,对于混炼胶填充体系用 DSR(动态剪切流变仪,见图 4-10)来研究填料与基胶之间的相互作用。

试验方法是:采用应变加载模式,频率为 10 rad/s,在室温(23±2)℃下进行一系列不同应变条件(0~200%)下的扫描试验。找出混炼胶的储能模量、损耗模量及损耗因子随应变的变化而变化的规律。

图 4-10　动态剪切流变仪

① 填料改性对硅橡胶混炼胶动态性能的影响

由于填料的表面自由能与有机橡胶的表面自由能相比存在较大差异,因此,被加入到聚合物中的填料会基于热力学驱动力,降低表面过剩的自由能,填料粒子自发地发生聚集、团聚,特别是在有分子活动能力的未硫化橡胶中,这种结构的形成对聚合物的流变特性有显著的影响。

Payne 等在研究了炭黑填料填充丁基橡胶后发现,炭黑在丁基橡胶聚合物中存在着填料网络结构的形成与破坏,网络结构的形成会使复合材料的模量显著增大。当给材料施加一定的应变时,网络结构起初会随着应变的增大而发生形变,但网络结构中被破坏的部分很少。但当变形达到一定值后,填料网络结构的破坏速率将大于形成速率,从而导致模量骤减,此现象被人们称为"Payne"效应[122]。动态流变性能表征能较好地描述上述填料网络结构的变化情况。

图 4-11 中所示为改性填料与未改性填料应变-储能模量扫描曲线对比图。其试验条件为:在室温条件下,频率为 1 Hz,采用应变控制模式。一般认为,储能模量 G' 是材料刚性的量度,低应变下的 G' 能较好地反映复合材料内部填料网络结构的多少。从图中可以看到,填料改性对混炼胶的储能模量影响较大。未改性填料明显较改

性填料具有较大的储能模量。同时发现:随着应变的增大,各复合材料的模量均会显著变小,表现为典型的"Payne"效应,且未改性填料的"Payne"效应更显著。产生这些现象的本质原因还是网络结构中的填料网络起着控制作用。在填料填充体系中,动态模量主要来源于填充体系内三个方面的贡献:橡胶基体的模量、填料的流体力学效应(体积效应)和填料网络结构。其中,对动态模量作出最大贡献的是填料网络结构。因为在填料表面有大量的极性的硅醇基团,所以填料之间由于氢键、范德华力等作用,有很强的相互作用的趋势,而这种填料-填料之间的相互作用将会产生很大的模量。所以在填料-填料作用占主导的填充份数的混炼胶会产生较大的初始模量。但填料之间接触形成的填料网络并不稳定,在经受应变扫描时容易破裂成更小的单元,导致模量变小。改性之后的填料,表面能降低,更容易被橡胶大分子所浸润,提高了填料在硅橡胶中的分散程度[123]。此外,由于硅烷偶联剂一端和填料表面发生化学反应,另一端与硅橡胶大分子链发生化学反应。这种化学的偶联作用使得填料和橡胶基体的相容性大大提高,白炭黑在橡胶基体中的分散性变好,结合胶的含量增加,更多的橡胶参与了网络结构的构建,柔性结点数量增加,网络的柔性增大,所以储能模量明显变小,使得改性后的填料填充体系"Payne"效应比改性前的相对较弱[124]。

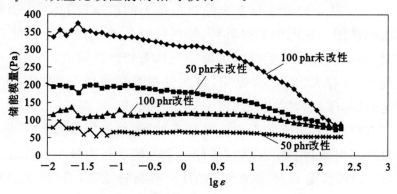

图 4-11　填料改性前后应变-储能模量扫描曲线

从图 4-11 中还可以发现,在应变较小时,模量在很大的一个区间内存在一个储能模量 G' 平台。一般认为,G' 平台区的长度能够反映网络结构承受外界破坏的能力,也可以用应变临界值 γ_c 来表示这种承受破坏能力的大小。在应变较小时,应变 γ 小于 γ_c 值,混炼胶的动态流变行为处于线性黏弹区域(LVR),G' 不具有明显的应变依赖性,在低的 γ 区域范围内保持恒定,此时填料粒子网络结构相对稳定。当 γ 超过 γ_c 时,G' 随 γ 增大而减小,表明体系中形成的 SiO_2 网络结构随着 γ 增大而逐渐受到破坏。被改性之后的填料填充体系中,改性后的填料能较好地分散在硅橡胶基料中,抑制了填料粒子间的聚集,使得填料与基体间的网络结构更加稳定,导致"Payne"效应明显减弱,并使 γ_c 值显著变大,较未改性填料具有更长的 G' 平台区。说明改性后的填料对填料聚集的网络结构有削弱作用[125]。

此外,还发现在低应变条件下,各填充体系的储能模量会有所波动,出现一些小的 G' 峰值,这可能是由于体系中团聚被破坏之后,相近的团聚体之间又发生重组,使得模量变大,但是其强度很小,随着应变的增大又很快被破坏。

小应变下的储能模量是填充体系填料网络结构强弱的表征,而损耗模量 G'' 则反映了填料网络结构的变形或破坏的程度,可以表征材料在形变时能量损耗的大小。

图 4-12 所示为改性与未改性填料填充的混炼胶的应变-损耗模量对比曲线图。从图中可以看到,损耗模量呈现出跟储能模量 G' 类似的规律:填料改性之后的混炼胶填充体系较改性前的,具有较低的损耗模量,也存在"Payne"效应,且改性填料填充体系的"Payne"效应明显减弱,G'' 平台区也较改性前明显变长,即 $\gamma_{c(改性)} > \gamma_{c(未改性)}$。同时发现,改性填料填充体系在应变较小时,填料网络未被破坏或者破坏程度并不严重,损耗较低,混炼胶的动态流变行为处于线性黏弹平台区域,损耗模量 G'' 不具有明显的应变依赖性。在 SiO_2 含量相同的情况下,填料经改性之后,G'' 下降,线性黏弹区域(LVR)应变长度显著增加。以上分析表明填料在混炼胶中分散性提高了[126]。

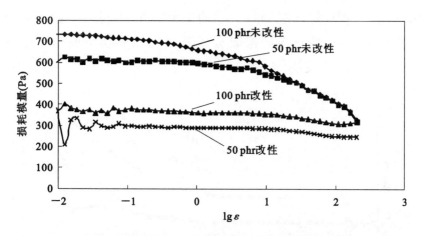

图 4-12 填料改性前后混炼胶的应变-损耗模量曲线

在填料填充体系中,损耗来自橡胶分子链之间的摩擦、填料对橡胶分子链的阻碍作用以及填料网络结构自身在动态应变作用下的能量损耗。白炭黑填料经改性之后,其网络结构强度降低了,从而减少了由填料之间摩擦引起的内耗;另一方面白炭黑与硅橡胶基体间的相容性得到了改善,使填料在硅橡胶中能得到有效的分散,增大了白炭黑与橡胶基体间的相互作用,抑制了橡胶分子链的相对滑动,从而减少了橡胶与橡胶之间以及橡胶与填料之间的内耗,使得改性后填料填充体系较改性前的,具有更低的损耗模量和更大的 γ_c 值。

损耗模量和储能模量的比值——损耗因子 $\tan\delta$,常被用来表征聚合物在周期应力作用下的能量损失,能较好地反映动态应变过程中的力学损耗,它与聚合物分子链段运动能力紧密相关。

图 4-13 所示为混炼胶填充体系在应变控制条件下,改性与未改性填料填充体系的 $\tan\delta$ 随应变变化而变化的动态流变特性曲线。从图中可以看出,随着应变的增大,体系的损耗因子逐渐增大,且改性之后的填料填充体系较改性前的具有更小的损耗因子。经分析其原因为:随着应变增加,填料网络被破坏的程度增大,且填料之间与分子链之间摩擦等损耗增多导致 $\tan\delta$ 值逐渐变大;填料经改性后,一定程度上阻碍了填料聚集体的形成,且硅橡胶与填料之间的化学

作用增强了,能较好地抵御外力的动态力学作用,减少了由于填料网络的重建与破坏、填料与硅橡胶分子链之间的滑动摩擦而带来的能量损失,导致 tanδ 变小[127-128]。

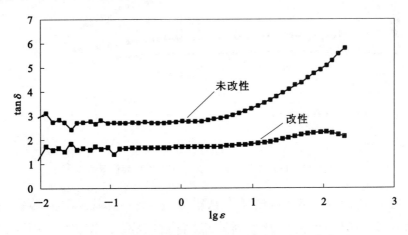

图 4-13　填料改性前后混炼胶的应变-损耗因子曲线

② 填料用量对其动态流变性能的影响

图 4-14 所示为在应变控制条件下,含有不同用量改性填料的混炼胶填充体系的应变-储能模量动态流变特性曲线。从图中可以看出:填料用量较小时,混炼胶储能模量的平台区的长度较高填料含量填充体系的长,γ_c 明显大于高填料含量混炼胶填充体系的 γ_c。另外,曲线除了在高含量的填料填充体系中呈现出"Payne"效应外,其余各曲线"Payne"效应都不太明显。随着填料用量的增加,储能模量 G' 增大;应变增大,储能模量逐渐减小,但高填料含量填充体系的 G' 减小幅度明显大于低填料含量填充体系的。经分析其原因为,随着填料用量增加,聚合物中主要是以填料-填料相互作用为主的刚性结点,它们形成填料网络结构。橡胶中的这种填料网络结构能够抵抗橡胶的流动变形,显示出较高模量,在小形变下这种作用比较显著。随着应变的进一步增大,材料中的一些较弱结合点开始滑脱,模量开始减小。继续增大形变,网络结构几乎完全被破坏,模量趋于定值。若用 G'_0 表示小形变下的模量,G'_∞ 表示高形变下的模量,则 G'_0

$-G'_\infty$这一差值可以表示填料网络结构的数量。可以明显看出，填料含量高的填充体系中，填料网络结构数量明显多于填料含量低的填充体系的[129]。且对于填充体系来说，储能模量的大小跟填料在混炼胶中的分散程度有关。上述结果也较好地说明了填料含量较低的填充体系中，填料在混炼胶中的分散程度较好。

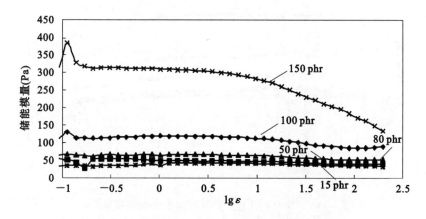

图 4-14　不同填料用量下混炼胶的应变-储能模量曲线

随着填料用量的增加，特别是填料用量较大的时候，聚合物中主要是以填料-填料相互作用为主的刚性结点，虽然显示出高模量，但对于应变扫描反应敏感，容易在交变应力作用下急剧发生破坏。随着应变的进一步增大，材料中的一些较弱结合点开始滑脱，填料含量较高的体系必然缺陷相应较多，这也是填料含量高的混炼胶填充体系模量减小幅度较大的原因。

图 4-15 所示为不同改性填料用量下的混炼胶填充体系的应变-损耗模量动态流变特性曲线。从图中可以看到，损耗模量呈现出跟储能模量相似的规律，即损耗模量和储能模量随着 SiO_2 填料用量的增大而增大，且在低应变条件下尤为明显；也存在"Payne"效应；填料含量高的混炼胶填充体系较填料含量低的填充体系具有更大的损耗模量。正如前所述，填充体系中损耗主要来自于橡胶分子链之间的摩擦、填料对橡胶分子链的阻碍作用以及填料网络结构自身在动态应变作用下的能量损耗。填料含量的增加，增强了填料网络结构。

随着应变的增大,破坏后填充体系将损失更多的能量[130]。因此,填料含量高的填充体系具有更大的 G'',且 G'' 减小的幅度明显大于填料含量低的混炼胶填充体系的 G'' 减小幅度,也即 $\gamma_{c(高填充体系)}$ $<\gamma_{c(低填充体系)}$。

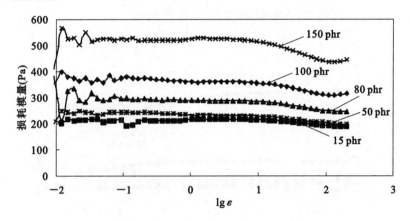

图 4-15　不同填料用量下混炼胶的应变-损耗模量曲线

图 4-16 为应变控制条件下,不同改性填料用量下的混炼胶填充体系的应变-损耗因子动态流变特性曲线。

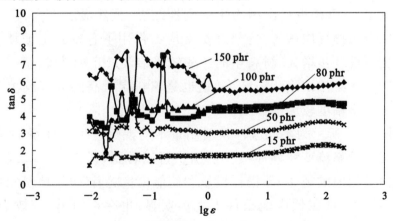

图 4-16　不同填料用量下混炼胶的应变-损耗因子曲线

从图中可以看出在填料含量低的混炼胶样品中(填料的分散性显然要优于填料含量高的样品中填料的分散性)tanδ 在小应变下反

而更小,且随着应变的增大,混炼胶体系的 tanδ 有增大趋势。这是因为在混炼胶的网络结构中填料网络占主导,若在小应变下填料网络越发达,对外界的响应越灵敏,应变对应力的滞后越小,则 tanδ 越小。由于在高填料含量的样品中,刚性结点的比例高,三维网络的刚性较强,因此在小应变下 tanδ 较小。同时发现,在较小的应变(<1%)下,较低填料含量的填充体系的损耗因子有明显的波动,这跟前面所讨论的储能模量、损耗模量的规律类似。经分析认为,发生这种现象的原因可能是在较高填料含量的填充体系中含有较多的填料网络结构,能较好地抵御外力的动态力学作用,而低填料含量填充体系在外力作用下,较易发生填料网络的破坏与重组,从而导致储能模量、损耗模量和损耗因子随着应变的变化而波动。

3. 填料分布微观性能研究

正如前所述,白炭黑 SiO_2 具有粒径小、比表面积高的特点,很容易形成聚集体结构。且 SiO_2 填料表面由于硅醇基的存在,显示出较强的极性,而生胶一般为非极性的,因而填料不易在基础胶料中良好地分散,存在相容性问题,直接或过多地填充往往会导致复合材料的某些力学性能下降以及存在易脆化等缺点[131]。对无机填料进行表面改性,可有效改善填料表面的物理、化学性质,提高其与有机高聚物的相容性以及填料在其中的分散程度,以提高复合材料的力学强度及综合性能。填料表面改性主要是指用物理、化学、机械、加工等方法对填料微粒进行表面处理,根据实际应用的需要有目的地改变填料表面的诸如表面组成、结构、官能团、润湿性等物理、化学性质,使填料与基体高聚物之间有良好的相容性。本研究采用湿法填料表面改性技术对白炭黑 SiO_2 粒子进行了表面改性处理,并从微观角度分析了改性前后填料粒子在基料中的分散情况。

图 4-17 是改性前后填料的扫描电镜(SEM)图。从扫描电镜图中可以清晰地看到,改性前的填料在基料中分散较差,且填料粒子团聚的现象较严重,改性后的白炭黑因粒子间的相互作用减弱,表面能

降低,能较好地分散在硅橡胶基料中,团聚现象也得到很好的改善。

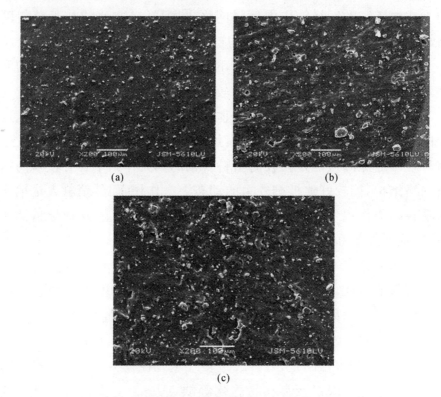

图 4-17　填料在硅橡胶基料中分散的 SEM 图像

(a) 15 phr 改性填料;(b) 15 phr 未改性填料;(c) 150 phr 改性填料

　　另外,本节也研究了填料经改性后,改性填料用量对填料在硅橡胶基料中的分布情况的影响。图 4-17(c)是在 150 phr 改性填料用量下,填料微粒在基胶中的分布情况。从图 4-17 的 SEM 图像中可以看出,150 phr 改性填料用量较 15 phr 改性填料用量其填料粒子分布呈现出明显的粒子团聚现象,粒子分布较差。在填料填充体系中存在着以下的几种相互作用:填料-橡胶、填料-填料。填料表面因经过改性,填料-橡胶相互作用明显增强,但当填料的体积分数足够大,超过某一临界体积分数时,填料之间距离减小,接触面积增大,填料颗粒会在诸如范德华力、氢键等相互作用力的驱动下相互聚集絮凝形成填料聚集体[132]。荧光显微镜图像(图 4-18)也进一步地表征了不同填料用量下微粒在基料中的分布情况,这也较好地解释了硅橡胶在较大填料用量下力学性能的下降。

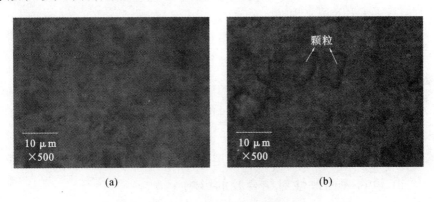

(a)　　　　　　　　　　　　(b)

图 4-18　荧光显微镜图像

(a) 15 phr 改性填料;(b) 150 phr 改性填料

4. 结合胶

橡胶分子链的部分链段,通过物理或化学作用吸附于填料表面,同一段橡胶分子的不同链段被不同填料粒子吸附而起到桥梁作用,并包裹填料粒子。这种高分子链相互缠结在填料表面,形成不被橡胶良溶剂溶解的结合橡胶层叫结合胶。在给定的填料-聚合物填充体系中,结合胶可用来表征体系内填料及其网络结构对橡胶分子的作用程度,结合胶含量的高低是填料与聚合物之间作用强弱的最直接反映[133-134]。在本研究中,通过抽提法来测定硅橡胶混炼胶中结合胶的含量,其基本原理是将混炼胶静置于溶解性较好的良溶剂中,采用抽提工艺后,通过测定剩余的橡胶部分的质量即可求出结合胶的含量。

其具体试验方法如下:

在分析天平上称取约 2 g 混炼胶,置于预先称重的 320 目的不锈钢丝小框中。将小筐浸入 100 mL 甲苯溶剂中,使试样在室温下静置 72 h,每 24 h 更换一次溶剂,然后把筐平稳地取出,放入丙酮中浸泡 24 h 以洗掉残余甲苯,在 60 ℃的真空烘箱中干燥 24 h,直至恒重。以结合胶质量占总胶量的百分比,表示结合胶的含量。

$$结合胶含量 = \frac{W_a - F}{R} \times 100\%　\qquad (4\text{-}8)$$

式中　W_a——干凝胶质量(g);

　　　F——在凝胶中填料的质量(g);

　　　R——在原样中橡胶的质量(g)。

虽然结合胶的形成过程是一个填料与聚合物高分子链之间相互浸润的动力学过程,但足够长时间的储存停放和长时间的剪切力混合,减小了工艺因素对结合胶含量测定的影响。因此,在本研究中,主要探讨了填料表面改性和填料用量对硅橡胶结合胶含量的影响。

(1)填料表面改性对结合胶的影响

根据相关报道,形成填料网络,必须有足够多的填料,填料聚集体之间的距离需足够近,才能存在填料-填料相互作用。补强填料用量如果过低,填料网络尚未完全形成,会导致填料粒子完全扩散进入溶剂,从而无法准确测定结合胶的含量[135]。所以,选择白炭黑用量为 100 phr 时测定改性与未改性填料填充体系中结合胶的含量,从而探讨填料改性对结合胶含量的影响,其结果如表 4-2 所示。

表 4-2　填料改性前后填充体系结合胶含量的对比

项目	改性前	改性后
结合胶含量	5.8%	25.9%

从表 4-2 中可以看出,改性后填料填充体系中结合胶含量较改性前的明显提高。其可能原因主要有以下几点:

① 对于极性较强的白炭黑填料,硅烷偶联剂的有机改性处理,可以有效改善填料在橡胶中的分布情况,使填料与硅橡胶基料之间具有更大的接触面积。

② 填料粒子与硅橡胶之间的界面形成了化学键合,导致吸附于填料粒子表面的硅橡胶分子链数目显著增加。

③ 改性填料与硅橡胶混炼胶之间主要是通过"偶联作用"实现

良好的相容,偶联的分枝结构会造成橡胶分子链间的缠结度增大,这也是结合胶含量提高的一个重要原因。

因此,填料经改性之后,填充体系结合胶的含量较改性前的会明显提高。

(2)填料用量对结合胶的影响

如前所述,结合胶是指填料粒子间的橡胶或被吸附的橡胶,是橡胶分子链通过物理或化学作用相互缠结在填料表面而形成的,它可直接反映填料与硅橡胶基料之间相互作用的强弱。

结合胶的形成除了与填料自身的性质,填料与橡胶二者之间的相容性,混炼胶在加工过程中所受的剪切能及储存温度、时间等紧密相关外,还与填料的用量有关。填料含量的变化会直接影响到其在填充体系中的分散和填料网络的形成,因此也必然影响到填料-橡胶相互作用,从而会对结合胶含量产生影响。

表 4-3 为在不同填料用量下,硅橡胶混炼胶的结合胶含量。从表中可以发现,随着改性填料用量的增加,混炼胶填充体系中结合胶含量不断提高。其原因可能是经过硅烷偶联剂改性后的填料,表面能降低,表面含有具有"桥键"作用的活性基团。随着改性填料含量提高,填料与硅橡胶基胶的接触面积增大,二者之间的相互作用也明显增强,吸附在填料表面的橡胶基体长链数增多[136],导致结合胶含量也随之提高。

表 4-3　填料用量对结合胶含量的影响

改性填料用量(phr)	结合胶含量(%)
50	8.9
80	18.7
100	25.9
150	32.7

5. Kraus 方程

Kraus 认为,在填料填充的硫化橡胶中,填料与硅橡胶分子之间存在物理、化学键合黏着作用，此黏着作用会在一定程度上妨碍溶剂分子进行橡胶硫化，从而使硫化胶的溶胀受到影响，其溶胀特性可以反映填料与橡胶之间的界面黏合强度[137-139]。Kraus 方程可用式(4-9)表达：

$$\frac{V_{r_0}}{V_{r_f}} = 1 - m \frac{f}{1-f} \tag{4-9}$$

式中　V_{r_0}——纯硫化胶在平衡溶胀时，橡胶的体积分数(%)；

　　　V_{r_f}——填充硫化胶平衡溶胀时，橡胶的体积分数(%)；

　　　f——未溶胀硫化胶中填料的体积分数(%)；

　　　m——填料与橡胶间界面黏合强度的表征值。

在硫化胶溶胀体系中，采用平衡溶胀法测试橡胶相在硫化胶溶胀凝胶中的体积分数。其具体试验方法如下：

将 0.5 g 左右的硫化胶试样准确称量(m_0)后放入甲苯溶剂中，在(23 ± 2)℃下溶胀，每间隔 3 d 换一次溶剂，直至试样达到溶胀平衡，去除试样表面溶剂，称重，记为 m_1，然后将试样在 60 ℃ 的真空烘箱中干燥至恒重，记为 m_2。溶胀橡胶在橡胶凝胶中的体积分数按式(4-10)计算：

$$V_r = \frac{\dfrac{m_0 \cdot \phi \cdot (1-\alpha)}{\rho_s}}{\dfrac{m_0 \cdot \phi \cdot (1-\alpha)}{\rho_r} + \dfrac{m_1 - m_2}{\rho_s}} \tag{4-10}$$

式中　V_r——溶胀橡胶的体积分数(%)；

　　　ϕ——试样中纯胶的质量分数(%)；

　　　α——纯硫化胶中抽提所抽出物的质量分数(%)；

　　　ρ_r——纯硫化胶的密度(g/mL)；

　　　ρ_s——溶剂密度(g/mL)(甲苯密度 $\rho_s = 0.867$ g/mL)。

以 V_{r_0}/V_{r_f} 对 $f/(1-f)$ 作图，m 即为曲线斜率。m 的大小可以作为评价填料与硅橡胶基体之间作用力大小的一个依据。m 值越大，填料与聚合物之间的作用力就越大；反之，m 值越小，填料与聚合物之间的作用力越小。

　　Kraus 曲线偏离 $V_{r_0}/V_{r_f}=1$ 的程度，可以作为衡量填料和聚合物基体之间相互作用力大小的依据。曲线向下偏离的程度越大，说明填料和聚合物之间的相互作用力越大。由图 4-19 可知，无论填料是否改性，填料填充硫化胶体系的 Kraus 曲线均向下偏离，说明填料和硅橡胶之间存在一定的相互作用力；V_{r_0}/V_{r_f} 的值随着 SiO_2 填料含量的提高而减小，表明硅橡胶偏离直线 $V_{r_0}/V_{r_f}=1$ 的程度增大，填料与硅橡胶之间的相互作用力也增大。这是由于随着填料用量增大，填料与硅橡胶的接触面积也增大，最终导致其相互作用越来越强。

　　从图 4-19 中还可以看出，改性填料的硫化胶填充体系曲线的 m 值大于未改性填料硫化胶填充体系的 m 值，说明改性后的填料与基体之间的界面结合进一步增强。

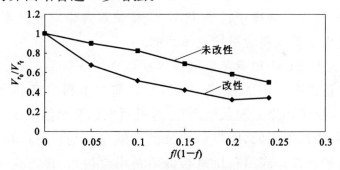

图 4-19　Kraus 模型测试结果

4.3　本章小结

　　（1）采用红外光谱分析测试表征方法对填料改性和填料用量对填料表面基团的影响进行了表征，得到如下结论：

　　① 白炭黑填料经改性后，表面羟基减少，烷氧型硅烷偶联剂与白炭黑 SiO_2 表面的大部分羟基发生了化学反应。

　　② 当填料为 100 phr 时，Si—OH 峰强较弱，说明形成填料聚集体的趋势较小，也即填料与硅橡胶的相互作用增强，这与前文对填料

用量对硅橡胶力学性能影响的探讨相一致。

③ 根据红外光谱分析结果，推断出硅烷偶联剂改性填料的反应机理，建立了改性填料的模型。

（2）通过动态流变特性表征，得到如下结论：

① 随着应变的增大，硅橡胶混炼胶的储能模量、损耗模量均会显著变小，表现为典型的"Payne"效应，且未改性填料的"Payne"效应更显著。改性之后的填料填充体系，"Payne"效应明显减弱，并使 γ_c 值显著变大，较未改性填料具有更长的 G' 平台区，说明改性之后的填料对填料网络结构有削弱作用。随着应变增大，填料网络被破坏的程度增大，$\tan\delta$ 值逐渐变大；填料经改性后，$\tan\delta$ 值较改性前的变小了。

② 随着填料用量的增加，储能模量和损耗模量均增大；应变增大，储能模量和损耗模量逐渐变小，但高填料含量填充体系 G' 减小幅度明显大于低填料含量填充体系的。

（3）采用 SEM 和荧光显微镜等测试手段表征填料在硅橡胶基料中的分散情况。SEM 结果表明，改性前的填料在基料中分散较差，且填料粒子团聚的现象较严重，改性后的白炭黑因粒子间的相互作用减弱，表面能降低，能较好地分散在硅橡胶基料中，团聚现象也得到很好的改善。高填料用量与低填料用量相比，其填料粒子分布呈现出明显的粒子团聚现象，粒子分布较差。

荧光显微镜更进一步表征了不同填料用量下微粒在基料中的分布情况，这也较好地解释了硅橡胶在较大填料用量下力学性能的下降。

（4）改性后填料填充体系与改性前的相比，结合胶含量明显提高；随着改性填料用量的增大，混炼胶填充体系结合胶含量不断提高。

（5）Kraus 模型表明：随着填料用量增大，填料与硅橡胶接触面积增大，最终导致其相互作用也越来越强。改性填料的硫化胶填充体系曲线的 m 值大于未改性填料硫化胶填充体系的 m 值，说明改性后的填料与硅橡胶基体之间的界面结合进一步增强。

5 硅橡胶密封材料性能研究与结果讨论

5.1 原材料和仪器

5.1.1 原材料

（1）硅橡胶密封材料

该材料为自制。

（2）水泥砂浆块

按图 3-5 所示制备水泥砂浆块。要求水泥砂浆具有足够的内聚强度，以承受密封材料在试验过程中产生的应力。

（3）乙醇、纱布、砂纸

在灌封硅橡胶密封材料前，应保证基材表面无浮浆、松动沙粒或者脱模剂等，先用砂纸打磨基材表面，初步清洁黏结面以除去脱模剂等杂质。然后，用纱布蘸取少量的乙醇对黏结面进行二次处理。

将硅橡胶灌入 2 块水泥砂浆块之间（图 5-1），制备硅橡胶黏结试样。

5.1.2 仪器设备

在本章对硅橡胶性能的研究中，主要对硅橡胶的常规物理性能、疲劳特性、化学稳定性、耐水稳定性等进行了表征。所用的仪器设备主要包括微机控制电子万能试验机、电动不透水测定仪及电液伺服疲劳试验机、扫描电镜（SEM）等。

(基材尺寸：75 mm×25 mm×12 mm)

图 5-1　黏结试样

5.2　测试方法

5.2.1　密度测定

1.试验原理

该试验是在已知容积的金属环内填充硅橡胶试样,并测定其质量,通过试样的质量和体积来计算试样的密度。主要参照《建筑密封材料试验方法》(GB/T 13477—2002)中的有关密度测定的规范进行,平行试验 3 次,最终结果取其平均值。

2.试验条件

试验条件:温度(23±2)℃、相对湿度(50±5)%。试验前,待测样品及所用器具应在标准条件下放置至少 24 h。

通过此方法测定得到的室温硫化硅橡胶密度在 1. 16～1. 20 g/m³之间。

5.2.2　抗渗性能

1.试验方法

按照《高分子防水材料 第 1 部分片材》(GB 18173.1—2012)中的相关要求,将硅橡胶试样置于不透水测定仪(图 5-2)上,采用有 4 个规定形状尺寸狭缝的圆盘进行试验并保持规定水压 24 h,或采用 7 孔圆盘进行试验并保持规定水压 30 min,观测试件渗水情况。

试件制备:在材料宽度方向均匀裁取试件,最外一个距卷材边缘 100 mm,材料厚度为 2 mm。平行试验 3 次,最终结果取其平均值。

试验条件:温度为(23±2)℃,相对湿度为(50±5)%。

图 5-2　不透水测定仪

2.试验结果

将硅橡胶密封材料按上述试验步骤置于抗渗仪中测试其抗渗性能。按照相关规范规定的测试条件进行试验,经试验检测发现:该硅橡胶密封材料在水压强为 0.8 MPa、保持 30 min 的条件下未渗水,较好地达到了规范要求。同时在水压强为 1.6 MPa,并保持 2 h 的条件下,也未发生渗漏,说明硅橡胶密封材料具有良好的防水、抗渗性能。

5.2.3　耐液体浸泡稳定性

1. 试验目的

耐液体浸泡稳定性试验的主要目的是测定硅橡胶密封材料在液体中浸泡一定时间后的质量损失率。

2. 试验方法

耐液体浸泡稳定性主要是指密封材料自身的耐化学液体稳定性及耐水稳定性。其中,所述的化学液体主要是指饱和 $Ca(OH)_2$ 溶液、10％HCl 溶液和 10％NaCl 溶液。其试验步骤如下:在空气中称量试样的质量,记为 m_1。将称量好的试样置于装有试验液体的带盖玻璃皿中,保证试样与试验液体充分接触,试样表面不得有气泡,每片试样之间、试样与玻璃容器侧壁之间不得接触。试验液体应始终保持没过试样。浸泡过程中,玻璃容器应放置在避光处,浸泡试验周期为 3600 h(5 个月)。当达到试验周期后,将试样从玻璃容器中取出,用蒸馏水反复冲洗干净,用滤纸擦去试样表面溶液,在(60±2)℃的温度下放置 24 h,称量试样质量,记为 m_2。

浸泡质量损失率按式(5-1)计算:

$$\Delta m = \frac{m_1 - m_2}{m_1} \times 100\% \tag{5-1}$$

式中　Δm——试样浸泡质量损失率(％);

m_1——试样浸泡前的质量(g);

m_2——试样浸泡后的质量(g)。

3. 试验结果

取 5 个试样进行平行试验,计算出平均值作为最后的试验结果,如表 5-1 所示。

从表 5-1 中可以得出:硅橡胶密封材料在浸泡 3600 h 后,其质量损失率很小,说明自身具有良好的耐液体浸泡稳定性,能很好地满足规范要求。

表 5-1　浸泡质量损失率结果

	溶液	单位	试验结果	规范要求
浸泡质量损失率 （常温，3600 h）	水	%	0.02	≤2
	饱和 Ca(OH)$_2$ 溶液	%	0.065	≤2
	10％NaCl 溶液	%	0.01	≤2

5.2.4　黏结试样化学稳定性

1.试验目的

考虑到伸缩缝密封材料在不同地质条件（如盐碱地）、气候条件下（如酸雨等）的性能要求，对硅橡胶黏结试样的耐化学腐蚀性进行了研究。

2.试验方法

耐化学腐蚀性试验是指将硅橡胶黏结试样在酸、碱、盐溶液中浸泡 6 个月（图 5-3），观察硅橡胶黏结试样破坏情况。

图 5-3　浸泡试验

3.试验结果

通过 6 个月的酸、碱及 Ca^{2+} 溶液浸泡试验，发现硅橡胶黏结试样本身及黏结面均未发生破坏，试验结果如图 5-4、图 5-5 和图 5-6所示。

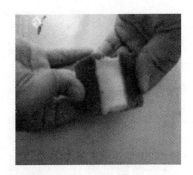

图 5-4　耐酸性试验结果

图 5-5　耐碱性试验结果

图 5-6　耐盐溶液试验结果

从上面各图中可以得出：硅橡胶黏结试样具有较好的耐酸、耐碱及耐盐溶液性能。

5.2.5　疲劳特性

1.试验目的

该试验的主要目的是探讨硅橡胶密封材料在拉伸荷载作用下的抗疲劳稳定性能,与无机基材黏结时的拉伸疲劳系数和疲劳寿命。

2.试验仪器及样品

疲劳试验机如图 5-7 所示。

图 5-7　疲劳试验机

试验样品采用哑铃型试样和黏结试样,哑铃型试样如图5-8所示。

图 5-8　哑铃型试样

3.试验步骤和方法

(1)硅橡胶自身疲劳试验

采用疲劳试验机往复运动一定次数,其频率为 3 Hz,定应变为 100%。

将准备好的哑铃型试样整齐夹入试验机的上、下夹持器中,应注意试样不得夹得过紧,以免试样在夹持部位出现早期损坏。开动疲劳试验机进行拉伸至疲劳拉伸规定次数即停机取下试样,观察硅橡胶密封材料外部疲劳损伤情况。将硅橡胶密封材料用刀片切开,用扫描电镜观察硅橡胶内部疲劳损伤情况。

(2)拉伸疲劳系数试验

将硅橡胶黏结试样拉伸一定次数后,测定其拉伸后和拉伸前的黏结强度比,它们的比值叫作疲劳系数,被用来表征材料抗疲劳性能。在本研究中,疲劳系数试验条件如下:50%位移变形,频率为1 Hz,进行100次疲劳拉伸。在黏结试样拉伸疲劳试验结束后,拆下试样,在室温下静置16 h,然后再做拉伸试验。疲劳系数按式(5-2)来计算:

$$K_p = \frac{Z_2}{Z_1} \qquad\qquad (5\text{-}2)$$

式中　K_p——拉伸疲劳系数;

　　　Z_2——拉伸疲劳后性能测定值(MPa);

　　　Z_1——拉伸疲劳前性能测定值(MPa)。

(3)疲劳寿命试验

试验条件:采用电液伺服疲劳试验机,黏结试样应变范围为30%~200%,频率为1 Hz。通过在上述条件下进行的疲劳试验,得出在不同应变情况下,硅橡胶密封材料的疲劳寿命,从而拟合出能反映硅橡胶密封材料疲劳寿命规律的疲劳方程。

4.试验结果

(1)硅橡胶自身疲劳试验

图5-9所示为硅橡胶密封材料拉伸疲劳试验结果。通过对硅橡胶密封材料进行5万余次的疲劳拉伸试验,未发现硅橡胶表面有疲劳断裂裂纹,这一点可以从图5-10(用刀片切开硅橡胶,观察断面疲劳损伤情况)中得到进一步证实。从 SEM 图中可以发现:在拉伸疲劳试验后,填料在硅橡胶中仍能很好地分散,未发现疲劳损伤情况,

说明硅橡胶抗疲劳稳定性能优良。

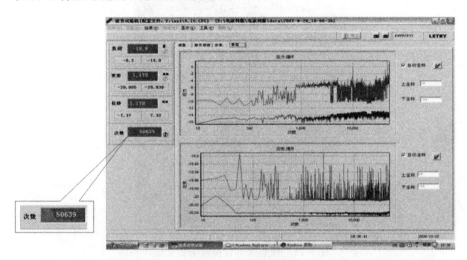

图 5-9　疲劳试验结果

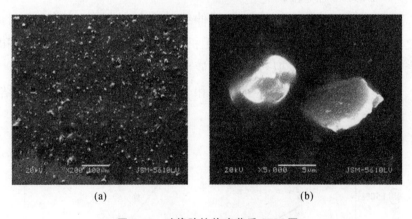

(a)   (b)

图 5-10　硅橡胶拉伸疲劳后 SEM 图

(a) 放大 200 倍效果图；(b) 放大 5000 倍效果图

（2）拉伸疲劳系数试验

按图 5-11 所示进行黏结试样拉伸疲劳试验。在达到规定疲劳拉伸次数后，按照式(5-2)计算硅橡胶密封材料的疲劳系数。试验结果表明：硅橡胶的疲劳系数 K_p 为 98％，说明硅橡胶与无机基材黏结时具有良好的抗疲劳性能。

图 5-11　黏结试样拉伸疲劳效果图

（3）疲劳寿命试验

采用参比法，参比物选用常用伸缩缝密封材料——聚硫密封胶，对比在不同的位移变形条件下与无机基材黏结时硅橡胶密封胶和聚硫密封胶的疲劳寿命，拟合出黏结疲劳方程。

图 5-12 所示为硅橡胶密封胶和聚硫密封胶与水泥块的黏结疲

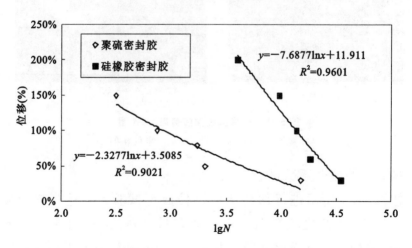

图 5-12　黏结疲劳破坏拟合趋势图

劳破坏趋势图。从图中可以看出:硅橡胶密封胶的疲劳黏结拉伸次数是伸缩缝常用密封材料——聚硫密封胶的 1.1~1.5 倍。并且,可以从图中得出硅橡胶的黏结疲劳方程为 $y=-7.6877\ln x+11.911$,从而为在实际工程应用中预估密封材料疲劳寿命提供了参考。

5.2.6 抗热压冷拉稳定性

采用图 5-1 中所示的硅橡胶黏结试样,按照如下试验步骤进行硅橡胶黏结试样的热压冷拉试验(图 5-13):

将硅橡胶黏结试样拉伸至所要求的宽度,固定。将试样放入 (-20 ± 2)℃的低温箱内,在浸水和紫外光照射条件下保持拉伸状态 21 h。

拉伸试验结束后,将试件压缩至所要求的宽度,固定。放入 (70 ± 2)℃的干燥箱内,在浸水和紫外光照射的条件下保持压缩状态 21 h。

以上步骤称为一个热压冷拉循环,重复上述操作,进行 10 次热压冷拉循环,观察黏结试样破坏情况。测试热压冷拉试验前后硅橡胶与无机基材的黏结强度的大小。

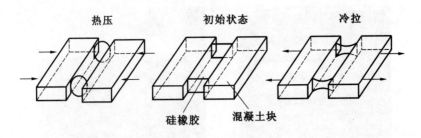

图 5-13 热压冷拉试验

表 5-2 所示为热压冷拉试验前后,硅橡胶密封材料的黏结强度值。从表 5-2 中可以发现:硅橡胶黏结试样在经历 10 次热压冷拉循环后,硅橡胶黏结强度值仅减小了 8.8%,说明硅橡胶具有良好的抗热压冷拉稳定性。

表 5-2　热压冷拉试验结果

试验前黏结强度（MPa）	0.34
试验后黏结强度（MPa）	0.31
变化率（%）	8.8

5.2.7　冻融循环稳定性

首先在水泥砂浆试件表面涂刷涂料进行防冻胀处理。按照混凝土抗冻试验规定的冻融循环技术参数和冷冻设备进行 300 次冻融循环。

一次冻融循环的技术参数如下：

循环历时 2.5～4.0 h；降温历时 1.5～2.5 h；升温历时 1.0～1.5 h；降温和升温终了时，试件中心温度应分别控制在（−17±2）℃和（8±2）℃。

冷冻设备应满足以下指标：

试件中心温度（−18±2）～（5±2）℃；冻融液温度 −25～20 ℃；冻融循环一次历时 2～4 h（融化时间不少于一次冻融历时的 25%）。

冻融循环稳定性测试条件：300 次冻融循环。

冻融循环试验机如图 5-14 所示。

图 5-14　冻融循环试验机

对试样进行 300 次冻融循环试验后，未发现硅橡胶黏结试样有破坏，说明硅橡胶具有良好的冻融循环稳定性。

5.3 本章小结

本章节主要对硅橡胶密封材料的常规物理性能、耐久性、疲劳特性等进行了探讨,试验结果如下:

(1) 对硅橡胶密封材料的常规物理性能进行测试,结果如下:密度为 $1.16 \sim 1.20$ g/m³。抗渗试验中硅橡胶密封材料在水压 1.6 MPa,并保持 2 h 条件下,未出现渗漏现象,说明硅橡胶密封材料具有良好的抗渗性能。

(2) 将硅橡胶密封材料在酸、碱、盐及水溶液中浸泡 3600 h,发现硅橡胶密封材料自身具有良好的耐溶液浸泡稳定性。将硅橡胶黏结试样在酸、碱、盐溶液中浸泡 6 个月,发现硅橡胶黏结试样具有良好的耐酸、耐碱及耐盐溶液性能。

(3) 硅橡胶密封材料自身疲劳特性和黏结疲劳试验的结果如下:通过对硅橡胶进行 5 万余次的疲劳拉伸试验,未发现硅橡胶有疲劳断裂裂纹出现;从 SEM 图中也可以发现,在拉伸疲劳试验后,填料在硅橡胶中仍能很好地分散,未发现疲劳损伤情况,说明硅橡胶抗疲劳稳定性能优良。通过黏结试样拉伸疲劳试验,发现硅橡胶的拉伸疲劳系数 K_p 为 98%,说明硅橡胶与无机基材黏结时具有良好的抗疲劳性能。通过与聚硫密封胶黏结试样的拉伸疲劳试验进行对比,得出硅橡胶的疲劳黏结拉伸次数是常用伸缩缝密封材料聚硫密封胶的 $1.1 \sim 1.5$ 倍,并且可以得出硅橡胶的黏结疲劳方程 $y = -7.6877\ln x + 11.911$,从而为实际工程预估伸缩缝密封材料使用寿命提供借鉴。

(4) 热压冷拉和冻融循环试验的结果如下:对试样进行10 次热压冷拉循环,其黏结强度仅减小了 8.8%,表明硅橡胶具有良好的抗热压冷拉稳定性。对试样进行 300 次冻融循环,未发现硅橡胶黏结试样有破坏,说明硅橡胶具有良好的冻融循环稳定性。

硅橡胶与无机基材界面相互作用研究

对密封材料来说,密封材料与基材的黏结主要发生在相互接触的界面之间,硅橡胶与基材界面的相互作用是评价密封材料性能好坏的一个重要指标,因此,对硅橡胶与基材界面的黏结作用进行研究十分必要。本章主要探讨了硅橡胶与水泥无机基材界面作用的方式、机理,并探讨了影响界面黏结强度的因素。

6.1 界面作用概述

6.1.1 界面黏结机理

黏合力一般是指黏结剂或胶黏剂与基材,在界面上形成的相互作用或结合的力。目前,关于界面黏结机理主要有以下理论[140-143]:

(1)机械互锁理论

McBain 和 Hopkins 所提出的机械互锁理论认为:黏结是胶黏剂或黏结剂渗入被黏物(或称基材)凹凸不平的多孔表面内固化之后,产生机械锚合等作用,从而使胶黏剂与基材牢固结合在一起。当黏结基材表面为粗糙、多孔结构时,黏结剂通过流动、扩散、渗入等方式进入基材表面,发生固化或胶凝作用,从而与基材表面通过互相咬合的形式连接起来,形成有机黏着。

(2)吸附理论

吸附理论认为,胶黏剂的大分子可通过链段及分子链的运动,逐渐向被黏基材表面迁移,使得差异较大的两种材料界面紧密接触。分子或原子之间通过氢键、范德华力和路易斯酸碱等形式相互作用,互相吸附,从而产生附着力。材料界面产生黏附作用的首要条件是两种物质界面必须很接近或直接接触,二者润湿良好是必要条件。

（3）扩散理论

扩散理论认为,聚合物的链状结构和柔性使得黏结剂大分子与基材表面的分子链段可以通过热运动相互扩散,形成分子间的相互缠绕。当发生固化反应后,黏结剂与基材牢固黏结在一起。

（4）电子理论

电子理论又被称为双电层理论、静电理论、平行板电容器理论等。该理论认为,具有不同电子层结构的基材和胶黏剂会发生电子转移以维持费米平衡,从而导致黏结界面形成双电层,黏结或附着作用主要源于静电引力。

（5）弱边界层理论

该理论认为,胶黏剂或黏结剂进入黏结界面附近,能形成与本体材料不同的、具有特殊性能或性能变化的界面区。

（6）化学键理论

化学键理论认为,胶黏剂-基材界面上形成化学键后,两种材料之间的黏结力大大增大,与被称为次价力的物理作用比较,化学键被认为是对界面的作用强度产生决定性影响的因素。

总之,黏结作用是超出任何单一模型或理论的一个十分复杂的领域。由于黏结现象非常普遍,黏结材料多种多样,黏结条件也复杂多变,不可能找到一个能够解释所有试验事实的普适理论;当然一个黏结过程并不是某一个理论能完全解释的,而是多个形式的综合体现。关于胶黏体系,其黏结强度的测定一般可以从三个有关方面着手:

① 界面分子相互作用;

② 本体材料的机械和流变学特性;

③ 界面相的特征。

6.1.2　界面黏附作用形成的条件及其表征

根据黏结理论,获得良好黏结效果的必要条件(也是首要条件)是黏结材料要能较好地浸润被黏体(或基材)的表面,抑或黏结材料与基材的极性相似或接近。由于胶黏剂一般具有流动性,胶黏剂分子的运动对物体表面有一个浸润的过程。浸润结果的好坏与最终黏结力的大小有着紧密联系。浸润效果好,则黏结力大;反之,浸润效果差,则黏结力小[144-146]。

胶黏剂对基材黏结面的浸润程度,跟被黏结基材表面状态、黏结剂自身性质、操作工艺和环境等因素都有关。目前,关于润湿性,最有效的表征方法主要是接触角的方法。如式(6-1)所示:

$$W_s = \gamma(1 + \cos\theta) \tag{6-1}$$

式中　W_s——固体与液体之间的黏结能($\times 10^{-3}\,\mathrm{N/m}$);

　　　　γ——液体的表面张力($\times 10^{-3}\,\mathrm{N/m}$);

　　　　θ——固体表面与液体的接触角(°)。

从式(6-1)可知,被黏物体表面与液体间的接触角越小,润湿性越好,黏结剂与基材之间的黏结强度也越高;反之,θ越大,润湿性越差。

6.1.3　影响界面黏结力大小的因素

众所周知,界面作用主要发生在基材与黏结剂之间,由此可以推断,影响最终黏结效果的因素是基材的自身性能与黏结剂的自身性能两个方面[147]。

1. 基材性能的影响

基材的性能是影响最终黏结效果的一个重要方面。不同类型的基材,即使采用相同的黏结剂,最终所产生的附着力也会相差较大。究其原因,跟不同类型基材的表面状态不同是分不开的。如果基材表面吸附了有机污染物、灰尘等杂质,会使胶黏剂在基材表面润湿较困难,导致最终黏附效果较差。同时,表面的粗糙程度对最终的黏结强度也有较大的影响。表面粗糙的材料较表面光滑的材料,会产生更强的机械嵌合作用,并形成更高的黏结强度。

2. 黏结剂(或胶黏剂)性能的影响

黏结剂或胶黏剂的性能是影响最终黏结效果的另外一个重要方面。黏结剂对黏结强度的影响主要体现在以下几个方面:① 黏结剂与基材的极性适配性对黏结力的影响。从分子结构、极性及分子相互作用等角度来说,只有当黏结剂与基材极性相近,二者才能达到较好的黏结效果。② 黏结剂表面张力的大小与润湿性对黏结效果的影响。黏结剂与基材产生的黏结作用,源于黏结剂与基材表面极性基团的相互吸引作用,而这种极性基团的相互吸引取决于它们之间的润湿能力,而润湿能力又取决于表面张力。③ 黏结剂内部应力对黏结强度的影响。黏结剂内部应力是指黏结剂在固化时因体积收缩和线性膨胀系数差异,而于材料内部产生的应力。黏结剂中存在的内应力越大,导致最终的黏结强度越小,黏结效果越差。④ 黏结剂热膨胀系数对黏结强度的影响。黏结剂一般广泛应用于室外或基材外部,受环境热胀冷缩等温度因素影响较大。通常,温度变化大时,黏结剂与基材之间的黏结点会不同程度地发生破坏。因此,黏结剂的热膨胀系数越小,也即对温度越不敏感,最终的黏结效果将越好。

6.1.4 黏结基材的表面处理

胶黏剂或黏结剂与基材的相互黏结作用、最终黏结强度除了与胶黏剂及被黏基材本身特性有关外,在很大程度上还取决于胶黏剂与被黏基材之间界面结合的好坏及耐久性等性能的好坏。在所有黏结性能改善措施中,基材表面处理对胶黏剂与被黏材料之间界面结合的影响极为显著。要得到强度高、耐久性好的黏结效果,基材必须具有良好的黏结表面,从而使胶黏剂能够完全润湿被黏基材的表面。因此,如何正确处理被黏材料的表面就变得极为重要了。对被黏基材表面进行处理的主要目的是在施工前通过运用各种物理、化学或机械工艺等处理方法来使胶黏剂与基材黏结良好,其具体目的和原则如下[148-149]:① 去除基材表面上的油脂、灰尘、锈蚀物、氧化膜等不同形式的污垢,使黏结界面层变得连续平整,从而有效增大黏结剂与基材间的附着力。② 调节基材表面的粗糙度,增大基材与黏结剂之间的接触面积,增强基材与黏结剂之间的机械啮合作用,为获得最强机械啮合作用提供条件,从而增大黏结附着力。③ 改变基材表面状态、化学成分、组织结构,提高表面极性。这样做有以下几方面作用:一是提高基材表面活性和表面能。表面能的提高,改善了黏结剂与基材表面的润湿性,为黏结界面上分子间紧密接近而获得最大的分子间作用力创造了条件,同时能有效排除黏结剂与基材表面吸附的气体,减小黏结界面上的空隙率。二是增大因引入极性基团而产生的分子间偶极作用力。三是增大黏结剂与引入的极性基团在黏结界面上形成化学键的可能性。

基材表面处理方法主要分为物理方法和化学方法两类。用溶剂对基材表面进行清洗、脱脂、砂纸和砂布打磨、喷砂及机械加工等属于机械物理方法;采用等离子体、电晕放电灯方法对基材表面进行处理等方法也属于物理处理方式的范畴;用有机溶剂(如酸液、碱液、溶胶凝胶)处理和阳极氧化处理等方法则属于化学表面处理方法[150-151]。

下面,将重点介绍几种常用的基材表面处理方法。

(1) 机械打磨

机械打磨方法可有效去除基材表面污染物,并能获得高度毛化的表面,从而增大胶黏剂的黏结接触面,以产生"咬合效应"。常用的基材表面机械打磨方法包括:采用钢丝刷、砂纸或锉削等的手工打磨,采用砂带、砂轮或喷砂等工艺的自动打磨等。

(2) 酸蚀表面处理

酸蚀表面处理方法一般在医学类黏结剂方面应用较多,如用HF或磷酸酸蚀烤瓷瓷面用于补牙、镶牙等领域。运用上述酸蚀表面处理工艺能使烤瓷瓷面粗化,增大瓷的表面积,同时也加强了烤瓷瓷面与黏结材料之间的显微机械固位,从而使得最终的抗剪切强度明显增大。

(3) 有机溶剂擦拭表面处理

有机溶剂擦拭表面处理是最简单的基材表面处理方式。该方法能够有效去除黏结表面的蜡质、油污和其他相对分子质量较小的污染物。这种处理方法要求污染物可溶于溶剂,且溶剂本身不含溶解的污染物。因此,对溶剂的选择就显得非常重要。常用的溶剂包括丙酮、丁酮、甲基异丁基酮、二甲苯、三氯乙烯、乙醇和异丙醇等,在擦拭处理过程中应注意使用清洁的无尘擦布或纸巾。另外,在选择有机溶剂时,也应从环保角度考虑。

(4) 电晕放电处理

电晕是通过对电极施加 9～50 kHz 频率的高压(可达 30 kV)而产生的。电极利用空气间隙与接地桌分开,当空气间隙被电流击穿(击穿电压为 3000～5000 V/mm)时,电流从空气间隙中穿过。当电流击穿空气时会产生自由电子,这些带有巨大能量的自由电子向正极运动,并对空气间隙中分子的电子产生置换作用,从而进一步地产生电子和相应的离子,使电流通过间隙。随着电离电流的增大,电晕放电率也不断增大(即粒子运动加快)。这样,就产生了电晕现象,同时激发了表面放电。此技术主要适用于薄膜与层板复合材料。

(5) 等离子表面处理

等离子体有时被称为"物质的第四态",是通过向气体施加大量的能量而产生的。等离子体含有自由离子和电子,会影响其所接触到的任何材料的表面,从而产生清洁作用。对于有机材料表面,等离子体会产生极性基团或活性自由基,从而激活被黏结基材表面,并对黏结产生辅助效果。

(6) 火焰处理

火焰处理是利用气体或气体/氧气火焰,对基材表面进行氧化处理,以产生极性基团,从而提高材料的表面能。此技术处理方法主要适用于不均匀的型材。

（7）化学处理

胶黏剂与基材的极性差别，会造成两者之间的界面作用较弱，黏附作用较弱。因此，常常出现界面"脱黏"现象，严重影响最终的黏结强度。解决界面"脱黏"的最有效方法之一是采用偶联技术。该技术主要是通过加入偶联剂来改善材料表面状态和性质，增强材料的界面作用，达到提高黏结强度的目的。

偶联剂的分子结构特点是在特定条件下可生成带有活性基团的化合物。以烷氧基硅烷偶联剂为例，该类偶联剂分子一端的烷氧基在水解条件下，可形成带有 Si—OH 的硅醇基团，能够与无机基材表面的羟基缩合形成硅氧烷桥键(Si—O—Si)，分子另一端的有机基团R 可以与有机高分子聚合物很好地结合。

有机偶联剂常用的使用方法有如下两种：① 表面处理法，即将有机偶联剂直接涂刷或配制成一定浓度的有机溶液后再涂覆于被黏基材表面，从而有效改善基材表面特性。② 迁移法，即将所选用的偶联剂按一定百分比直接加到材料组分中去，偶联剂分子在固化过程中迁移到被黏材料表面，从而改善基材表面特性。

综合上述各种表面处理方法，不难理解，合适的被黏结表面可用各种不同的方法处理得到。但是，无论选用何种表面处理方法，其最终目的是得到合理的表面组成和符合要求的表面结构。所谓合理的表面组成，即基材表面要清洁，能满足界面化学或界面物理化学所需要的匹配条件。而表面结构主要是指基材表面面积和表面孔隙的结构、分布等方面。

6.2　硅橡胶密封材料与水泥基材界面研究

硅橡胶作为具有自黏性的密封材料来说，它与基材的黏结过程是一个比较复杂的物理和化学过程。界面作用是其中重要的一个方面，包括润湿与黏附作用、化学作用、机械作用等。润湿与黏附作用是界面作用中的一种重要的作用方式,也叫物理黏着作用。它是指可流动性的黏结剂在固体基材表面分子间结合力作用下均匀铺展的现象,也即黏结剂对固体基材的亲和性。良好的润湿过程是实现理想黏结的前提,黏结强度随着润湿性的提高而增大。

材料润湿性的高低可根据润湿角的大小来判断。根据润湿方程:$W_s = \gamma(1 + \cos\theta)$可知,润湿角越小,黏结能越大。

界面缺陷模型认为:当黏结剂或胶黏剂与基材发生黏结时,由于实际基材表面呈现不光滑状态,在黏结界面会形成许多微小的未润湿孔穴。而黏合键断裂应力集中发生在未润湿的界面缺陷周围,当局部应力大小超过了局部所能承受的强度,就会发生界面黏合键断裂。因此,润湿性在很大程度上能影响最终的黏合机械强度。

在硅橡胶密封材料黏结体系中,硅橡胶的特点是表面活化能较低。根据表面现象在热动力学中的叙述,基材表面被胶料润湿程度的高低取决于两者表面能的大小以及界面相互作用的强弱。正如前所述,良好润湿作用的一个重要前提是黏结材料与基材表面极性相似。通过添加作为增黏剂的硅烷偶联剂来引入活性基团,增强硅橡胶的极性,使硅橡胶能较好地与水泥基材充分润湿,也即化学处理方式。另外,水泥板、混凝土等基材属于多孔性材料,对于硅橡胶密封黏结材料来说,与这些多孔材料表面的孔隙、凹凸面充分接触是保证黏结效果良好的前提。通过添加各种助剂使硅橡胶密封材料具有良好的自流平性,硅橡胶从而能更好地渗入到水泥基材孔隙中,与水泥等基材达到较好的嵌合和润湿,得到较好的黏结效果。

6.2.1　硅橡胶与水泥基材界面作用力分析

根据前文对界面作用机理的分析,可以得出,黏结剂与被黏基材之间一般存在如下的黏结作用力:

(1) 化学结合力

化学结合力主要是指黏结剂与被黏体的分子间发生化学反应而产生的结合作用力。有人认为,当黏结剂与被黏材料接近至 0.1~

0.3 nm时,二者将发生化学反应形成化学键,产生化学结合力。

（2）分子间结合力

分子间结合力又被称为范德华力,它是指黏结剂与被黏体的分子间产生的强大吸引作用。根据分子之间的电荷状态,分子间结合力又可分为色散力、诱导力、取向力等。

（3）氢键结合力

氢原子与 Y 原子之间的定向结合,以 H……Y 表示,其本质是静电作用,也被称为氢键结合作用力。

（4）嵌合力

被黏基材表面一般有粗糙面,黏结剂深入固结后形成聚合物嵌入,从而产生嵌合效果,黏结剂与被黏基材表面的这种作用被称为嵌合力。

（5）相互混合作用力

相互混合作用力是指当黏结剂与被黏基材亲和性较大时,两者可在分子水平上发生相互混合而产生黏结锚合力。

在本研究中,所采用的硅烷偶联剂中含有—NH_2和环氧基团,极性较大,使得硅橡胶材料的表面能提高,与基材表面润湿性提高,从而能有效增大界面黏合力。另外,硅烷偶联剂中所含有的氨基和环氧等活性基团也易于与水泥基材表面的活性—OH 基团生成氢键,从而能有效增强二者之间的黏合作用。由于所制备的硅橡胶具有良好的自流平性,因此能较好渗入水泥等多孔材料的孔隙和凹凸面。当硅橡胶固化之后,硅橡胶基体与水泥基材会产生嵌合作用,增强了其与水泥块界面的黏结,因此二者之间也存在机械嵌合力作用。另外,化学黏着作用也是影响黏结性能的一个重要因素。硅烷偶联剂中的活性基团经水解容易与水泥基材表面的—OH 基团发生缩合,生成Si—O—Si键,产生较强的化学键作用,从而产生黏结作用。由以上分析可以得出:硅橡胶密封材料与水泥等基材之间的化学黏结力主要有化学结合力、嵌合力、氢键结合力。

通过对界面作用的分析,结合硅橡胶密封材料和水泥基材的特性,可以得出,硅橡胶与水泥等基材间的黏结作用主要是物理黏着和化学黏着的协同作用。其中,化学黏着作用占主导地位,详细的关于化学黏着作用的机理将在后面章节讲述。

6.2.2 水泥基材表面处理方式对硅橡胶黏结强度的影响

黏结剂与基材产生的黏结附着作用发生在相互接触的界面之间,其首要条件(也是必要条件)是黏结剂对基材表面的充分润湿。基材表面状态对于最终黏结效果有着决定性的影响,良好的被黏结基材表面状态能使黏结剂与基材达到更好的润湿和黏结效果。

为了使硅橡胶密封材料与水泥等基材有良好的黏结,必须选择合适的基材表面处理工艺。其目的是彻底除去基材表面的污染物,如水垢、灰尘、油脂等有机杂质,从而有效提高硅橡胶与水泥基材的润湿性。

考虑到硅橡胶作为密封材料的实际应用性,首先选择采用物理机械方法处理基材表面,该方法具有处理简单、取材方便的特点,更具有应用推广性。在制作黏结试样前,采用砂纸打磨方法处理基材。砂纸打磨黏结面可以较好地除去表面上的脱模剂、尘埃等污物,从而提高表面清洁度和表面能。打磨也使表面变得粗糙,增大机械结合力。然后,采用有机溶剂二次处理打磨过的黏结面。溶剂处理可以有效除去机械处理无法除去的污物。在本研究中,选用丙酮、乙醇、甲苯等有机溶剂来处理基材黏结面。它们为极性溶剂,在水泥混凝土表面能提高黏结面的表面能,增大黏结界面与偶联剂分子之间的相互作用力,从而增强最终黏结效果。另外,采用有机溶剂处理可以突出水泥砂浆表面的多孔型结构,从而提高表面粗糙度,增强黏结界面上的机械啮合作用。而硅橡胶密封材料的自流平性使得硅橡胶分子能渗入粗糙面的各个凹凸粗糙面内,形成较强的机械嵌合,同时为黏结界面上分子间物理作用和化学作用提供更大的黏结面积。

表 6-1 所示为不同处理方式对硅橡胶与水泥基材黏结时黏结性能的影响。从表中可以得出以下结论:基材表面经打磨处理之后,硅

橡胶的黏结强度有效增大；经有机溶剂处理过的水泥块试件，硅橡胶与其黏结时的黏结强度远远大于与未经处理过的水泥块试件黏结时的黏结强度；而在此基础上通过在试件表面涂覆硅烷偶联剂，则能更进一步增大硅橡胶的黏结强度，硅橡胶的黏结强度较与未处理的试件黏结时的增大了3倍多。通过对以上的几种基材表面处理方式的优选，从环保和黏结强度等方面考虑，选用无水乙醇作为基材表面处理剂。另外，从表中发现，分别采用"打磨＋无水乙醇＋硅烷偶联剂"和"打磨＋无水乙醇"两个表面处理工序之后，两者所获得的最终黏结强度很接近。这可能是因为将硅烷偶联剂与硅橡胶基料一起混合后，以固化的方式来加入硅烷偶联剂，其本身使得硅橡胶极性增强，可与水泥基材表面发生化学键合。因此，在水泥基材表面再涂覆一层硅烷偶联剂对硅橡胶最终的黏结强度影响不大。

表 6-1　　表面处理对硅橡胶黏结性能的影响

表面处理方式	测试结果（MPa）
打磨＋无水乙醇＋涂覆硅烷偶联剂	0.35
打磨＋无水乙醇	0.33
打磨＋丙酮	0.26
打磨＋甲苯	0.28
打磨	0.20
表面未处理	0.11

6.3　硅橡胶与基材作用机理分析

正如前所述，硅橡胶密封材料与水泥基材起作用主要是因为作为增黏剂的硅烷偶联剂与水泥基材发生了化学黏合。在本研究中所采用的硅烷偶联剂的界面偶联过程，是一个复杂的液-固表面物理化学过程，也即浸润—取向—交联的过程。由于偶联剂的黏度低、表面张力小、与无机材料表面的接触角很小，因此偶联剂在无机材料表面上,可以迅速铺展开来,起到良好润湿作用。又由于空气中的极性固体材料表面总吸附着一层薄薄的水,因此一旦偶联剂表面被浸润,分子两端的基团便分别向极性相近的表面扩散。一端的—Si(OR)₃基团取向于无机材料表面,同时与取向表面的水分子等发生水解缩聚,产生化学交联;有机官能团则向有机树脂表面取向,在固化中与有机密封材料中的相应官能团进行化学交联,从而完成异相表面间的偶联过程[152]。

硅橡胶与水泥基材的作用机理如图 6-1 所示。

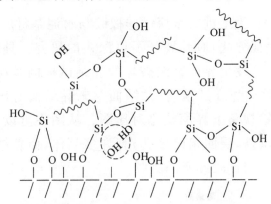

图 6-1 硅橡胶与水泥基材相互作用关系图

水泥混凝土的主要成分为硅酸盐,其表面含有的羟基较多,硅烷偶联剂水解后产生的活性羟基能与水泥混凝土中的羟基形成氢键,然后在干燥条件下脱水,形成 Si—O—Si 键,如图 6-1 所示。

从分子角度也可以较好地解释硅烷偶联剂对硅橡胶增黏的作用机理。分子间引力一般在几到几十千焦每摩尔之间,氢键的键能一般为 40 kJ/mol,与分子间引力相近;而硅氧键的键能达443.1 kJ/mol,比分子间引力高一个数量级。故偶联剂可有效增加界面层的化学键份额,从而显著增大黏结强度。

另外,添加了增黏剂的硅橡胶在与水泥基材产生化学键合作用的同时,其余活性基团也参与了硅橡胶自身的固化反应,具体反应如图 6-2 所示。

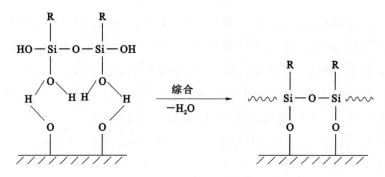

图 6-2　界面化学键合作用

　　在本研究中,为了进一步探讨硅橡胶与水泥基材的界面作用,结合宏观、微观表征方法,对其展开了更深入的研究。具体方法如下:采用参比法,对已发生界面黏结破坏的黏结试样的基材表面进行研究。图 6-3 为黏结强度试验后,黏结面与未黏结面对比图,图 6-4 所示为微观显微镜视角下界面状态对比图。从图中可以看出,未黏结硅橡胶的水泥试件,层面稀疏多孔,有许多晶体,而黏结用的界面层上主要形成了一层比较致密的凝胶。

图 6-3　水泥试样对比图

　　图 6-5、图 6-6 为从微观角度反映界面状态的 SEM 图片,分别为未黏结面 SEM 图和黏结面 SEM 图。

　　从 SEM 图中可以看出:未黏结密封胶的水泥表面和黏结密封胶的水泥表面存在明显差别。黏结有硅橡胶密封胶的水泥基材表

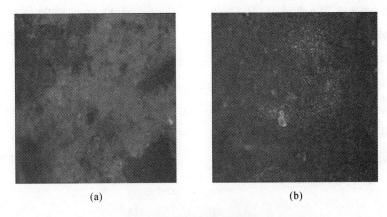

(a) (b)

图 6-4 水泥试样显微图片

(a) 未黏结面显微图片;(b) 黏结面显微图片

图 6-5 水泥试样未黏结面 SEM 图片

面,有一层硅橡胶密封胶把水泥表面牢牢包覆。从 3000 倍和 5000 倍的 SEM 图中可以看出,即使拉伸黏结试验导致黏结破坏,仍有部分填料和密封胶与水泥牢牢黏附。

水泥试样黏结面 SEM 图片

(3000 倍);(b) 水泥试样黏结面 SEM 图片(5000 倍)

"过渡区"剥离破坏模型指出[153-154]：产生良好黏结的必要条件是黏结密封材料发生本体破坏（内聚破坏），也即界面间的黏结强度大于密封材料自身的机械强度。

从图 6-6 可以得出：硅橡胶密封材料宏观上表现为界面黏结破坏，但其实质是发生内聚破坏，说明硅橡胶与水泥基材界面之间的黏结强度大于硅橡胶自身的机械强度，进一步证明了硅橡胶与水泥等基材具有良好的黏结。

6.4　本章小结

（1）通过对硅橡胶与基材黏结反应机理的分析，提出硅橡胶密封材料与水泥等基材之间的化学黏结力主要有化学结合力、嵌合力、氢键结合力。

（2）硅橡胶与水泥等基材间的黏结作用主要是物理黏着和化学黏着的协同作用，这种协同作用使二者牢固结合在一起。

（3）基材表面经打磨处理之后，硅橡胶的黏结强度有效增大；硅橡胶与经有机溶剂处理过的水泥块试件黏结时的黏结强度远远大于与未处理过的水泥块试件黏结时的黏结强度；而在此基础上通过在试件表面涂覆硅烷偶联剂则能更进一步增大硅橡胶的黏结强度，硅橡胶的黏结强度较与未处理的试件黏结时的增大了 3 倍多。

（4）从环保和黏结强度等方面考虑，选用无水乙醇作为基材表面处理剂。另外，可以发现：分别采用"打磨＋无水乙醇＋硅烷偶联剂"和"打磨＋无水乙醇"两个表面处理工序之后，两者所获得的最终黏结强度很接近，这跟硅烷偶联剂都是以固化方式加入硅橡胶基料中有关。

（5）硅橡胶与水泥混凝土等无机基材的反应机理：由于水泥混凝土的主要成分为硅酸盐，其表面的羟基较多，硅烷偶联剂水解后产生的活性羟基能与水泥混凝土中的羟基形成氢键，然后在干燥条件下脱水,硅橡胶中的硅原子与水泥混凝土中的硅原子形成一个硅氧硅键,从而形成牢固黏结。

(6) 为了对拉伸黏结破坏的试样的界面进行分析,采用显微镜对比照片和 SEM 图对其进行表征。显微镜对比照片表明:黏结界面上有凝胶附着在水泥混凝土表面上。SEM 图表明:硅橡胶密封材料宏观上表现为界面黏结破坏,但其实质是发生内聚破坏,说明硅橡胶与水泥基材界面之间的黏结强度大于硅橡胶自身的机械强度,硅橡胶与水泥等基材具有良好的黏结。

7 工程应用研究

硅橡胶密封材料是一种复合材料,主链由 Si—O 键组成。它具有良好的耐候、耐老化性能,较强的抗位移变形能力和较高的高、低温稳定性。加入一定的助剂,能使其具有良好的自流平性,且与混凝土伸缩缝壁具有较好的黏结。在本研究中,通过结合实验室研究和实际工程需要,将硅橡胶密封材料应用在水工建筑物伸缩缝密封止水、水泥混凝土道路伸缩缝密封以及沥青混凝土路面裂缝养护,并提出了相应施工工艺规范和质量保证措施。

7.1 水工建筑物伸缩缝密封止水

为适应由温度变化及地基不均匀沉降等因素引起的变形,通常在水工建筑物主体之间设置横向伸缩缝,将建筑物分为独立工作的若干节。伸缩缝若是漏水将成为水工建筑物,特别是渠道防渗工程产生病害的第一发生点。从伸缩缝中渗入地基的水分会使地基土处于饱和状态,引起水工建筑物主体坍陷、破坏。在北方寒冷地区,若渗水导致地基土冻胀,建筑物还会发生冻胀破坏。因此,对伸缩缝进行密封止水,对保证水工建筑物的安全具有重要意义。

止水材料的性能决定着水工建筑物伸缩缝止水效果的好坏。过去伸缩缝填料用过沥青油麻、玛琋脂、沥青油毡、沥青砂浆,甚至用过木板条、锯末水泥等。20 世纪 70 年代后期发展到聚氯乙烯油膏和改进型的焦油塑料胶泥等。这些材料价廉易得,具有一定的防水、止水能力。但多年的实践证明,以上嵌缝填料基本都存在着以下几大缺点:其一是须加热施工,给施工造成不便,存在因加热温度控制不当而造成止水材料老化、止水失效的问题;其二是如果混凝土板缝壁不干燥、不洁净(如有泥或浮土),嵌进去的填料与混凝土板黏结不牢,容易从缝中被拉出;另外,这类伸缩缝传统止水填料普遍受环境影响较大,高温流淌,低温变脆,回弹能力差,难以适应建筑物主体因冷热温差而产生的大幅度位移变形,易错位、扭曲,最后造成绕渗或止水材料被破坏的结果[156]。

通过对伸缩缝止水失败的原因进行分析,提出水工建筑物伸缩缝止水材料的主要性能要求:自身具有防水、止水作用;良好的耐候、耐老化性能;与混凝土有较好的黏结;较强的抗位移变形能力。

通过调整硅橡胶密封材的配方,使其更好地达到了水工建筑物止水材料的标准,并结合《水工建筑物塑性嵌缝密封材料技术标准》(DL/T 949—2005)、《水工建筑物止水带技术规范》(DL/T 5215—2005)等相关国家标准,对所制备的硅橡胶密封材料的性能进行了表征,试验结果如表 7-1 所示。

表 7-1 水工建筑物伸缩缝填缝止水材料的性能

序号	项目		单位	柔性填料指标	测试结果
1	浸泡质量损失率(常温,3600 h)	水	%	≤2	0.05
		饱和 Ca(OH)$_2$ 溶液	%	≤2	0.1
		10%NaCl 溶液	%	≤2	0.08
2	拉伸黏结性能	常温,干燥 断裂伸长率	%	≥125	220
		常温,干燥 黏结性能	—	不破坏	不破坏
		常温,浸泡 断裂伸长率	%	≥125	180
		常温,浸泡 黏结性能	—	不破坏	不破坏
		低温,干燥 断裂伸长率	%	≥50	120
		低温,干燥 黏结性能	—	不破坏	不破坏
		300 次冻融循环 断裂伸长率	%	≥125	200
		300 次冻融循环 黏结性能	—	不破坏	不破坏
3	流淌值(下垂度)		mm	≤2	0
4	可施工性(针入度)		×0.1 mm	≥100	105

续表 7-1

序号	项目	单位	柔性填料指标	测试结果
5	密度	g/cm³	≥1.15	1.18
6	抗拉强度（哑铃型）	MPa	—	1.1
7	黏结强度（与水泥块）	MPa	—	0.5
8	断裂伸长率（哑铃型）	％	—	600
9	环保性	—	—	无毒
10	耐介质性 （水、10％NaCl、3％H₂SO₄、3％NaOH）	—	—	浸泡 3 个月 黏结面不破坏

注：① 常温指(23±2)℃；

　　② 低温指(−20±2)℃；

　　③ 气温温和地区可以不做低温试验、冻融循环试验；

　　④ 黏结面脱开面积小于 10％视为不破坏。

表 7-1 中的数据表明：所制备的硅橡胶密封材料能较好地满足水工建筑物伸缩缝止水材料的性能要求。

以南水北调渡槽伸缩缝密封止水为例，根据相关规范要求和以往密封止水材料施工经验，结合硅橡胶密封材料自身特性，提出了南水北调渡槽工程施工中硅橡胶密封止水材料的施工工艺规范。

（1）伸缩缝的处理

首先清除缝内所有杂质，用钢丝刷刷出混凝土的新鲜表面，使其表面粗糙，以混凝土表面除去乳皮、外露新鲜的粗细集料为宜。用有机溶剂（如乙醇或硅烷偶联剂）进一步处理表面，使其更易于与硅橡胶黏结。由于槽壁接缝是贯穿缝，因此需在灌注前先用松木板条或泡沫塑料板填塞，并预留 3～4 cm 深的缝隙灌缝。

硅橡胶密封材料的配制：将硅橡胶按要求的配合比混合均匀，注意按密封材料的实际用量配制，以免造成浪费。

（2）底缝灌注

将混合均匀的硅橡胶用胶枪注入伸缩缝，利用其自流平特性，使其均匀平整。然后用工具对硅橡胶与混凝土的接触面反复揉擦，使其紧密黏结，待灌满缝口，再用铁刮板刮平。

（3）两侧竖缝的灌注

由于硅橡胶密封材料具有自流平性,可塑性大,因此可以在灌注前通过调节配比来调整其触变性。同时,在灌注竖缝时需要支内模封闭,内模可用 1 cm 厚的松木板条做成,支模后,先将其表面刷吹干净,随即嵌填硅橡胶密封止水材料,边浇灌边揉搓,直到灌满为止。待缝内硅橡胶密封止水材料基本表干 6 h 后,才可取下内模。

质量控制措施如下:

（1）为保证硅橡胶密封材料与混凝土黏结牢固,从而有效防止绕渗等现象的发生,在灌注硅橡胶密封材料之前,需对混凝土黏结面进行打毛工序。

（2）有效清除混凝土黏结面的尘土、杂质等,确保黏结面干净。在灌注密封材料之前,为了更好地达到黏结效果,可用无水乙醇等有机溶剂处理混凝土黏结面。

（3）灌注硅橡胶密封材料时,可用工具对硅橡胶与混凝土的接触面反复揉搓,使其紧密黏结。

（4）通过槽身充水试验来检验槽身是否有渗水、沉降、平面位移变形。对渡槽伸缩缝止水部位进行止水功能检查,检查合格后才能进行下一步工序。

另外,根据硅橡胶密封材料的性能,采用如图 7-1 所示的结构作为该种材料的伸缩缝止水结构类型。

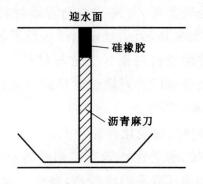

图 7-1　硅橡胶的伸缩缝止水结构示意图

　　新型水工建筑物伸缩缝止水填缝材料——硅橡胶,是一种以Si—O—Si键为主链结构、具有疏水性的复合材料,骨架为硅氧烷键。独特的结构使其既具有无机物的耐高低温、耐候、耐老化、耐臭氧、绝缘等特点,又具有高分子材料易加工、柔弹性较好的优势,能较好地满足水工建筑物伸缩缝填缝材料的各项性能指标要求。

7.2　水泥混凝土道路伸缩缝密封

　　由于荷载、温度等原因,水泥混凝土道路一般要设置伸缩缝。为了防止雨水、杂物等进入伸缩缝缝隙,伸缩缝一般要用合适的接缝材料进行填塞密封。填缝材料质量的好坏直接影响着道路的使用寿命。质量较差的接缝材料,在使用过程中易被破坏或与缝壁脱离,雨水、雪水会沿着缝隙浸入道面下,产生板底积水、冻融等病害,缩短混凝土道路的服役寿命[157]。

　　道路伸缩缝嵌缝材料初期选用的是沥青材料。施工时只需将加热后的沥青材料灌入接缝内即可,但在加热的过程中,如果温度控制不当,沥青材料内部会发生氧化等反应,沥青的化学组分被破坏,使得沥青塑性逐渐消失,脆性增加,使用寿命缩短。后来,又相继开发了改性沥青、沥青橡胶类等,与最初的沥青质材料相比,这些材料填缝密封性能有了很大提高,但仍呈现出耐久性不足的问题。

　　分析认为,道路填缝材料密封失效与材料自身的性能不足有很大关系,下面分析失效原因并对填缝材料的性能提出要求:

　　1.失效原因分析

　　(1)填缝材料耐候、耐老化性能较差

　　填缝材料的耐候、耐老化性能直接影响着材料的耐久性。路面环境条件恶劣,有的地区夏季温度较高,路面温度可达60 ℃以上,冬季有的地区路面温度低至零下几十度,传统的沥青、胶泥等填缝材料,夏季易流淌,冬季易脆,在冷热循环作用下易失去接缝密封作用,从而造成接缝密封失败。

（2）与板的黏结能力较弱

填缝材料与路面板的黏结性较差,在温度变化及行车等的作用下,填缝材料极易从板的缝壁上拉脱,水分会沿着缝的侧壁渗入,再加上杂物的挤入,会引起各种路面病害的发生。

（3）弹性较差及抗位移变形能力较弱

填缝材料的弹性较差及抗位移变形能力较弱,当发生热胀冷缩时,填缝材料会发生内聚破坏,从而失去接缝密封作用。

2.道路填缝材料性能要求

结合以上对道路填缝材料接缝失效原因的分析,以及从施工工艺和环保性方面考虑,提出路面填缝材料性能要求:具有优良的耐候、耐老化性能;较好的弹性和较大的拉伸率,能适应较大的接缝位移变形;与缝壁的黏结性强,能有效地起到止水、防水作用,避免唧泥等病害的发生;在行车作用和野外恶劣的环境条件下,具有良好的耐磨、耐水、耐酸碱腐蚀等性能;对环境和路面无污染,为环保型材料;为常温式填缝材料,施工方便。

聚氨酯密封胶是目前用于道路伸缩缝的密封性能较优的一种嵌缝材料,通过对比硅橡胶与聚氨酯密封胶的性能(表7-2),分析硅橡胶作为道路伸缩缝密封材料的可行性。

表 7-2   硅橡胶与聚氨酯密封胶性能比较

类别	硅橡胶	聚氨酯密封胶
耐候性、耐老化性	优	中
环保性	优	有刺激性气味
弹性	优	良
使用温度	低温 $-100 \sim -50$ ℃	使用范围 $-40 \sim 90$ ℃
	高温 $250 \sim 300$ ℃	
黏结性	优	优

续表 7-2

类别	硅橡胶	聚氨酯密封胶
贮存稳定	优	中
疏水性	优	中
使用寿命	15 年以上,有的可达 30 年	5~8 年

从表 7-2 中可以看出,硅橡胶作为道路伸缩缝嵌缝材料来说,其各方面性能较聚氨酯密封胶,均具有较明显的优势。

结合道路密封材料行业标准和道路伸缩缝密封材料性能要求,制备了能满足水泥混凝土路面伸缩缝密封用途的硅橡胶密封材料。

根据《水泥混凝土路面嵌缝密封材料》(JT/T 589—2004)规范要求,对硅橡胶的综合性能进行了表征,如表 7-3 所示。

表 7-3 道路嵌缝硅橡胶性能

项目		规范要求	性能指标
表干时间(min)		≤90	80
抗拉强度 (MPa)	紫外老化(300 W,168 h,41 ℃)	≤0.15	0.1
	热老化(80 ℃,168 h)	≤0.2	0.15
	浸水处理(4 d)	≤0.15	0.12
伸长率 (%)	紫外老化(300 W,168 h,41 ℃)	≥800	860
	热老化(80 ℃,168 h)	≥700	750
	浸水处理(4 d)	≥600	650
与混凝土黏结面积(热老化、浸水处理)		黏结面脱开面积不大于 20%,胶体局部有内聚破坏	黏结良好,无内聚破坏

从表 7-3 中的数据可以看出:硅橡胶密封材料的各项性能指标均达到道路伸缩缝密封材料的规范要求,说明其能较好地满足道路伸缩缝密封材料的性能要求。

7.3 沥青混凝土路面裂缝养护

沥青混凝土路面具有行车油耗低、噪声小、抗滑性好、车辆磨损小等优点,近年来在我国得到了长足的发展。但是沥青混凝土路面在使用过程中,由于各方面因素共同作用,易产生多种病害(裂缝、车辙、坑槽等),影响行车的舒适性,降低了道路的服役质量。其中,裂缝是路面最常见的破损形式之一,它的危害在于水分通过裂缝不断下渗,在荷载作用下,渗透水的动力作用不断损坏基层路基,导致路面承载能力下降,加速路面的破损[158-160],如图 7-2 所示。

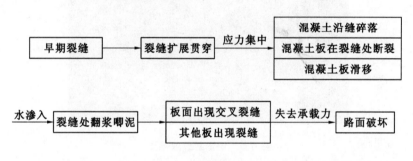

图 7-2 裂缝的危害

为避免水的渗透对道路造成的损坏,对道路裂缝进行及时养护是绝对有必要的,使用恰当的技术能确保裂缝养护的有效性,从而大大延长道路的使用寿命。目前,沥青混凝土路面裂缝修补方法有翻修法、注浆法、裂缝填封法、罩面法、压注灌浆法等方法。在这些方法中,裂缝填封法是道路养护最经济、最常用的方法之一。目前,普遍采用的裂缝填封密封材料可分成以下几种类型:第一类是热灌式(图 7-3)的沥青、橡胶沥青等材料。因其价格最为低廉,对施工人员的要求不苛刻而受到广泛采用。封缝过程见图 7-3~图 7-5,主要工艺包括普通热沥青灌缝、改性热沥青灌缝。第二类是冷灌式的填缝材料,是以乳化沥青为基本材料的填缝料。

图 7-3　沥青加热　　　　　　　　图 7-4　沥青封缝施工

图 7-5　沥青封缝效果图

　　传统裂缝养护材料如沥青类,主要存在以下的问题:① 施工工艺较复杂,施工前一般都需要加热,而且如果加热温度控制不当,沥青自身会老化,从而影响裂缝养护效果。② 由于沥青材料(包括乳化沥青)具有低温冷脆性和高温软化性等特点,在夏季高温时,沥青体积膨胀溢出路面被行车带走,既污染路面影响路面美观又使得封缝材料容易流失;冬季低温时,沥青容易发生脆断而失去封缝作用(图 7-6);灌缝材料易发生老化而失去黏弹性质,养护效果不佳。因此,开展新型道路裂缝养护材料的研究,对保证裂缝养护效果,进而延长道路的使用寿命具有重要意义。

　　结合裂缝填缝材料的性能要求,可通过添加颜料、助剂等来制备新型硅橡胶密封材料。

图 7-6 沥青养护失效图

前文对硅橡胶黏结强度的测试主要是针对其与水泥混凝土黏结强度的探讨。将硅橡胶密封材料应用于沥青混凝土路面裂缝养护，要求硅橡胶密封材料与沥青混凝土具有良好的黏结作用。通过参考前文对硅橡胶水泥混凝土黏结强度的测试，制备了硅橡胶与沥青混凝土的黏结试样，如图 7-7 所示。经测试，硅橡胶与沥青混凝土黏结时的黏结强度可达 0.30 MPa，说明硅橡胶能与沥青混凝土良好黏结。

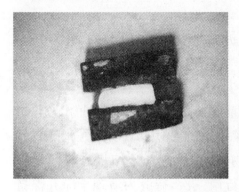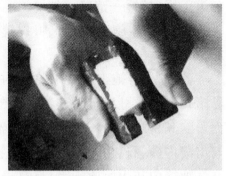

图 7-7 硅橡胶黏结沥青混凝土试样

通过结合实际工程，提出硅橡胶裂缝养护材料施工规范，工序和养护效果如图 7-8～图 7-11所示。

图 7-8　扩缝

图 7-9　清缝

图 7-10　填缝

图 7-11　裂缝养护效果图

沥青混凝土路面裂缝养护用硅橡胶密封材料的施工可分为以下三道工序：扩缝→清缝→填缝。

（1）扩缝：施工前要求将裂缝扩大（宽度 5～10 mm，深度 15～20 mm）

（2）清缝：施工前要求将缝内尘土、灰浆等杂物清理干净，因为黏附在混凝土缝壁上的灰浆，将严重影响填缝料与混凝土的黏结，进而影响其密封性。清缝工作的步骤如下：首先用小铲刀、铁钩等工具勾出缝内砂、石、尘土及灰浆等杂物，然后用空气压缩机产生的压缩空气把缝内灰尘喷吹干净，反复进行两三次，待缝内清理干净并保持干燥状态即可进行填缝操作。

（3）填缝：将填缝料的各组分严格按规定的质量配比（A 组分100 份，B 组分 3 份）倒入适当的容器，用人工或机械搅拌均匀。将搅匀的填缝料倒入填缝机或挤压枪等工具内,然后将填缝料注入缝体内,确保向前填充的速度与挤压枪出料的速度协调。出料时要均匀,嵌缝胶灌入缝内的深度须达到 25～30 mm,以保证使用寿命。

关于硅橡胶裂缝养护的施工有如下注意事项:

① 填缝料的 A、B 组分,现配现用,用多少配多少。

② 为节约填缝料,缝体下部也可用塑料泡沫作为背衬材料。背衬材料压好之后应及时检查质量,发现问题及时解决。

③ 在施工中,应保持路面清洁,洒溢在接缝外边的填缝料应及时用小铲或清理剂清除干净。

④ 雨季的施工安排。雨季施工最大的问题是路面潮湿,影响灌缝。因此,雨季不得进行填缝施工。

7.4　硅橡胶的性价比分析

硅橡胶的价格相对其他路面裂缝养护材料较高,但其优良的性能,特别是耐候、耐老化性能,使得路面养护的有效期大大延长,具有一次投入,长久受益的优势,减少了后期二次养护的人力、财力、物力的投入。另外,在保证路面养护质量的前提下,可以通过在裂缝底部加入衬垫材料的方法来减少硅橡胶的使用量。因此,硅橡胶作为路面养护材料的使用,具有较高的性价比和广阔的应用前景。

7.5　本章小结

硅橡胶具有优良的耐候、耐老化性能和良好的自流平性,且与混凝土伸缩缝壁具有较好的黏结,可将硅橡胶密封材料应用于水工建筑物伸缩缝密封止水、水泥混凝土道路伸缩缝密封以及沥青混凝土路面裂缝养护。

（1）水工建筑物伸缩缝密封止水

从环保性、施工性等角度对硅橡胶的原材料进行优选。结合《水工建筑物塑性嵌缝密封材料技术标准》（DL/T 949—2005）、《水工建筑物止水带技术规范》（DL/T 5215—2005）等相关国家标准和指标，对制备的硅橡胶的性能进行了表征，结果表明：所制备的硅橡胶密封材料能较好地满足水工建筑物伸缩缝止水材料的各项性能指标要求。另外，提出了施工工艺规范和质量控制措施。

（2）水泥混凝土道路伸缩缝密封

通过分析传统水泥混凝土道路伸缩缝密封材料密封失效原因，提出水泥混凝土填缝材料应具有耐候性、耐老化性良好，与板的黏结能力强，弹性好和拉伸率较大等特点。根据《水泥混凝土路面嵌缝密封材料》（JT/T 589—2004）的规范要求，对硅橡胶综合性能进行了表征，结果表明：硅橡胶密封材料的各项性能指标均达到道路伸缩缝密封材料的规范要求，能较好地满足道路伸缩缝密封材料的性能要求。

（3）沥青混凝土路面裂缝养护

通过对硅橡胶与沥青混凝土的黏结强度测试得出，硅橡胶与沥青混凝土黏结时的黏结强度可达 0.30 MPa，说明硅橡胶能与沥青混凝土良好黏结。同时，提出了硅橡胶沥青混凝土裂缝养护材料施工工艺，包括扩缝、清缝、填缝等步骤，并提出了施工注意事项。

8 结论与展望

8.1 结 论

本课题在结合工程实践并借鉴国内外相关研究成果的基础上,综述了目前密封材料的发展概况。针对目前密封材料耐久性不足的现状,采取实验室制备与实际工程相结合的方式,以耐候性、耐久性优良的有机硅为主材,通过添加各种助剂,制备了一种性能优良的硅橡胶密封材料。通过试验研究、理论分析和工程应用,主要得出以下研究结论:

(1)硅橡胶性能影响因素探讨

通过探讨催化剂、增黏剂、填料、扩链剂等助剂对硅橡胶密封材料性能影响的规律,对硅橡胶密封材料进行了组分的优选和配比的优化,为制备高性能密封材料奠定了一定的理论基础。

(2)硅橡胶与水泥混凝土基材相互作用

通过分析界面相互作用,认为硅橡胶密封材料与水泥等基材间的黏结作用力主要包括化学作用力、嵌合力、氢键作用力,提出硅橡胶与水泥混凝土界面作用机理是利用硅烷偶联剂的"桥键"作用,在界面上形成 Si—O—Si 键。从宏观、微观角度分析黏结界面作用情况,认为硅橡胶与水泥等基材之间发生的破坏为内聚破坏,硅橡胶密封材料具有良好的黏结性。

(3)填料与硅橡胶相互作用研究

采用红外光谱分析表征方法,系统研究填料是否改性、填料多少对填料表面基团的影响,推断出硅烷偶联剂改性填料的机理,建立了改性填料模型。采用动态流变测试和结合胶等表征,进一步解释了填料与硅橡胶的相互作用关系,研究结果表明,填料是否改性和填料用量对填料与硅橡胶基体之间的相容性有重要影响。

(4)硅橡胶密封材料性能表征

通过对硅橡胶密封材料的抗渗性、疲劳特性、抗化学腐蚀性等进行研究,发现硅橡胶密封材料具有良好的抗渗、防水性能,优良的耐久性和温度稳定性。

(5)硅橡胶密封材料应用研究

结合实验室研究和实际工程需要,将硅橡胶密封材料应用在水工建筑物伸缩缝密封止水、水泥混凝土道路伸缩缝密封以及沥青混凝土路面裂缝养护方面,并提出了相应施工工艺规范和质量保证措施。结果表明,硅橡胶能较好地满足相关应用规范的要求。

8.2 展　　望

虽然本书对硅橡胶密封材料的组成、制备工艺、性能评价、机理、施工工艺等进行了较系统的试验研究与理论分析,但是由于本人能力、专业水平等条件的限制,还有以下的一些工作尚待进行:

(1)结合工程实践,进一步优化硅橡胶密封材料的配方和施工工艺。

(2)进一步完善硅橡胶密封材料的相关试验方法和评价指标体系,以便更全面、完整地对硅橡胶密封材料进行研究。

(3)建立实验室测试结果与现场实测结果之间的对应关系,同时建立对实际使用效果的长期跟踪观察机制。

参 考 文 献

[1] UPUL A, XUEMEI L, SIMON N, et al. Penetrating sealants for concrete bridge decks-selection procedure [J]. Journal of Bridge Engineering, 2006, 11(5): 533-540.

[2] 徐存东. 水工建筑物伸缩缝漏水的处理措施及预防方法 [J]. 防渗技术, 2002, 8(1): 43-46.

[3] 王大强, 李宗顺. 变形缝的设计与探讨 [J]. 山西建筑, 2007, 33(23): 64-65.

[4] ODUM-EWUAKYE B, ATTOH-OKINE N. Sealing system selection for jointed concrete pavements-A review [J]. Construction and Building Materials, 2006, 20: 591-602.

[5] AL-QADI I L, ABO-QUDAIS S A. Joint width and freeze/thaw effects on joint sealant performance [J]. Journal of Transportation Engineering, 1995, 121(3): 262-266.

[6] 李英才. 东深供水改造工程输水建筑物接缝止水技术分析 [J]. 红水河, 2005, 24(2): 33-37.

[7] 张慧利, 汪有科, 孙坤君. PTN新型渠道防渗材料的研制 [J]. 灌溉排水学报, 2006, 25(1): 38-41.

[8] 陈文义, 赵顺波, 李树瑶. 南水北调工程大型预应力混凝土渡槽结构选型研究 [J]. 华北水利水电学院学报, 1996, 17(4): 9-14.

[9] 盛华兴. 水闸止水伸缩缝渗漏防治 [J]. 中国农村水利水电, 2005, 2: 63-64.

[10] RAMESH B M, ASCE M, MONTGOMERY T, et al. Development and laboratory analysis of silicone foam sealant for bridge expansion joints [J]. Journal of Bridge Engineering, 2007, 12(4): 438-448.

[11] 匡成荣, 沈波, 曹国柱. 混凝土防渗渠道伸缩缝填料及其施工工艺 [J]. 中国农村水利水电, 1999, 4: 15-16.

[12] 姜曾安，程哲. 介绍一种新型伸缩缝止水材料 [J]. 防渗技术，1999，5(1)：9-12.

[13] 张相杰，张劲超. 道路硅酮密封胶在高速公路水泥混凝土路面中的应用 [J]. 广东公路交通，2007，1：6-7.

[14] STEPHEN A K, JAN M N, GREGORY B M. Extension and compression of elastomeric butt joint seals [J]. Journal of Engineering Mechanics，1996，11(7)：669-677.

[15] HAITHERM S, AHMED S, LEONNIE K. Performance evaluation of joint and crack sealants in cold climates using DSR and BBR tests [J]. Journal of Materials in Civil Engineering，2008，20(7)：470-477.

[16] TIMOTHY D B, HOSIN L. Performance study of Portland cement concrete pavement joint sealants [J]. Journal of Transportation Engineering，1997，123(5)：398-404.

[17] ROGERS A D, LEE-SULLIVAN P, BREMNER T W. Selective concrete pavement joint sealants. Ⅱ：case study [J]. Journal of Materials in Civil Engineering，1999，11(4)：309-316.

[18] 梁文珞，严君汉，李佳. 水工建筑物结构缝处理新方法 [J]. 水利水电快报，2004，25(1)：13-14.

[19] ALLEN R L , ANASTASIOS M L. Drainage evaluation at the U. S. 50 joint sealant experiment [J]. Journal of Transportation Engineering，2007，133(8)：480-489.

[20] 马玉增. 铜止水加工模具的研制与应用 [J]. 人民长江，2004，35(7)：46-47.

[21] 王晓磊，丛利. 洪家渡水电站面板堆石坝的面板接缝止水施工 [J]. 贵州水力发电，2003，17(4)：19-22.

[22] 石四存，武选正. 公伯峡面板堆石坝止水设计与机械化施工 [J]. 水力发电，2004，30(8)：25-27.

[23] 奚立平. 泉堰渡槽槽身裂缝处理 [J]. 东北水利水电，2006，24(259)：48-49.

[24] 郭兴文. 面板坝接缝不锈钢波纹状止水片试验研究 [J]. 水利水电技术，1999，30(3)：57-58.

[25] 刘杰胜，吴少鹏，陈美祝. 伸缩缝止水材料的性能及应用 [J]. 水科学与

工程技术，2008，4：6-8.

[26] 郭迎春，徐涛. 对钢板渡槽止水设计的改进 [J]. 吉林水利，2003(1)：33-34.

[27] 林诚魁，姚秀梅，陈敏岩，等. 芹山水电站混凝土面板堆石坝设计 [J]. 水力发电，2000，2：14-16.

[28] 吕明哲，黄茂芳，李普旺，等. 环氧化天然橡胶在高聚物改性中的应用进展 [J]. 特种橡胶制品，2009，30(1)：55-58.

[29] 骆瑞静. 氯丁橡胶的性能、加工及其应用 [J]. 橡胶参考资料，2009，39(1)：47-55.

[30] 汪建丽，王红丽，熊治荣，等. 三元乙丙橡胶绝热层在固体火箭发动机中的应用 [J]. 宇航材料工艺，2009，2：12-14.

[31] 颜晋钧. 氢化丁腈橡胶的应用及现状 [J]. 橡胶科技市场，2008，10：11-13.

[32] 水工建筑物止水带技术规范：DL/T 5215—2005[S]. 北京：中国电力出版社，2005.

[33] 石典兵. 塑料油膏在渡槽伸缩缝止水中的应用 [J]. 甘肃水利水电技术，2001，37(2)：111-113.

[34] 许临，林君辉，鲁一晖，等. 聚硫密封胶的研制及其工程应用 [J]. 防渗技术，1999(1)：6-8.

[35] 张宪武，赫萍. 建筑用单组分改性聚硫密封剂 [J]. 粘接，1999，20(5)：13-15.

[36] 郑彩林. 建筑用双组分聚硫密封膏 [J]. 化学建材，1997，3：121-122.

[37] 陈金新，陈海根. HM106 聚硫型高强防水密封剂在芜湖长江大桥上的应用 [J]. 铁道标准设计，2002，3：1-2.

[38] 苗蓉丽，殷胜昔，朱锋. 室温硫化有机硅黏合剂的应用与研究进展 [J]. 中国胶粘剂，2003，13(4)：51-54.

[39] 牟建海，解德良，姜标. 单组分硅酮建筑密封胶的研制 [J]. 化工科技市场，2003，26(5)：20-24.

[40] 杨华东，吕平，赵铁军. 建筑用密封剂 [J]. 青岛建筑工程学院学报，2003，24(4)：76-78.

[41] 苗蓉丽，刘俐，朱锋，等. 室温硫化有机硅密封剂在空空导弹中的应用[J]. 航空兵器，2001，4：34-37.

[42] 袁素兰，卢麟，王有治，等. 混凝土建筑接缝用有机硅密封胶的研制 [J]. 有机硅材料，2004，18(2)：14-16.

[43] 周爱军，刘长生. 遇水膨胀橡胶的吸水膨胀和力学性能研究 [J]. 弹性体，2002，12(6)：28-31.

[44] 赵宝山. 复合钢板止水带：CN2403835[P]. 2000-11-01.

[45] 王荣芬，贾金生，付六茂，等. 复合型止水带：CN2310809[P]. 1999-03-07.

[46] 张慧莉. PTN 新型渠道接缝材料的研制 [J]. 灌溉排水学报，2006，5(1)：38-41.

[47] 卢麟，袁素兰. 不同种类硅酮耐候密封胶的区别及应用要点 [J]. 中国建筑防水，2007，6：14-17.

[48] FRANCOIS D B. Silicone sealants and structural adhesives [J]. International Journal of Adhesion & Adhesives, 2001, 21: 411-422.

[49] HUTCHINSON A R, PAGLIUCA A, WOOLMAN R. Sealing and resealing of joints in buildings [J]. Construction and Building Materials, 1995, 9(6): 379-387.

[50] LUH-MAAN C, YAO-JONG L. Evaluation of performance of bridge deck expansion joints [J]. Journal of Performance of Constructed Facilities, 2002, 16(1): 3-9.

[51] RAMESH B M, MONTGOMERY T S, MATU R S, et al. Development and laboratory analysis of silicone foam sealant for bridge expansion joints [J]. Journal of Bridge Engineering, 2007, 12(4): 438-448.

[52] 徐小辉，田霖，刘爱民，等. 加成型液体硅橡胶概述 [J]. 弹性体，2006，16(2)：69-72.

[53] 纪占敏，杜仕国，施冬梅，等. 硅烷偶联剂在复合材料中的应用研究 [J]. 现代涂料与涂装，2006，12：42-46.

[54] ADSHEAD R, DERBY R, BELPER. Slicone rubber sealant for maintenance and construction [J]. Sealing Technology, 1995, 13: 1-2.

[55] 白金，赵国峥，张洪林，等. 单组分湿固化聚氨酯密封胶的表干时间研究 [J]. 化学与粘合，2007，29(6)：387-389.

[56] HEMPHILL J. 2,4 MDI based prepolymers: A viable alternative to TDI prepolymers in polyurethane sealants [J]. Polyurethanes World Congress, 1991: 319-324.

[57] KASSEM E, WALUBITA L, SCULLION T, et al. Evaluation of full-depth asphalt pavement construction using x-ray computed tomography and ground penetrating radar [J]. Journal of Performance of Constructed Facilities, 2008, 22 (6): 408-416.

[58] ZHILI L, JOSE C M B-Z, GIJSBERTUS D W. Determination of the elastic moduli of silicone rubber coatings and films using depth-sensing indentation [J]. Polymer, 2004, 45: 5403-5406.

[59] HE C B, DONALD A M, BUTLER M F. In-situ deformation studies of rubber toughened poly (methyl methacrylate): Influence of rubber particle concentration and rubber cross-linking density [J]. Macromolecules, 1998, 31 (1): 158-164.

[60] MANI S, CASSAGNAU P, BOUSMINA M, et al. Cross-linking control of PDMS rubber at high temperatures using TEMPO nitroxide [J]. Macromolecules, 2009, 42(21): 8460-8467.

[61] FERDOUS K, DIANA K, KRONFLI E, et al. Crosslinking of ethylene-propylene (-diene) terpolymer elastomer initiated by an excimer laser [J]. Polymer Degradation and Stability, 2007, 92: 1640-1644.

[62] KHONAKDAR H A, MORSHEDIAN J, WAGENKNECHT U, et al. An investigation of chemical crosslinking effect on properties of high-density polyethylene [J]. Polymer, 2003, 44: 4301-4309.

[63] YUAN X F, SHEN F, WU G Z, et al. Effects of acrylonitrile content on the coordination crosslinking reaction between acrylonitrile-butadiene rubber and copper sulfate [J]. Materials Science and Engineering A, 2007, 459: 82-85.

[64] 彭忠利, 王跃林, 伍青, 等. 自催化交联体系室温硫化水性硅橡胶研究 [J]. 弹性体, 2005, 15(2): 27-32.

[65] 吴拥中, 李红云, 冯圣玉. 新型含氨丙基聚硅氧烷高温硫化硅橡胶的制备 [J]. 材料科学与工程学报, 2004, 22(1): 1-43.

[66] COMYN J, BULY F, SHEPHARD N E, et al. Kinetics of cure, crosslink density and adhesion of water-reactive alkoxy silicone sealants [J]. International Journal of Adhesion and Adhesives, 2002, 22(5): 385-393.

[67] WIRASAK S, MICHEL N, JACQUES S, et al. Adhesion and self-adhesion of immiscible rubber blends [J]. International Journal of Adhesion & Adhesives, 2008, 6: 1-6.

[68] 李永德, 谭上飞. 单组分湿固化型聚氨酯密封胶催化剂的研究 [J]. 粘接, 2000, 21(2): 4-5.

[69] 赵翠峰, 方仕江, 罗嘉亮, 等. 加成型室温硫化硅橡胶的制备——Ⅰ. 交联剂及填料的影响规律 [J]. 浙江大学学报, 2007, 41(7): 1219-1222.

[70] 邹石泉, 赵铱民, 邵龙泉, 等. 交联剂加入量对 SY-1 型硅橡胶物理性能的影响 [J]. 实用口腔医学杂志, 2001, 17(4): 332-334.

[71] 钱亦萍, 申亮, 乔永洛, 等. 不同交联剂对核壳型丙烯酸树脂乳液 MFT 及硬度的影响 [J]. 上海涂料, 2006, 44(10): 5-7.

[72] 涂志秀, 刘安华, 王鹏. 甲基乙烯基硅橡胶加成硫化研究 [J]. 弹性体, 2006, 16(5): 47-50.

[73] 范力仁, 董晓娜, 郑梯和. 超细绢云母/加成型液体硅橡胶复合材料的制备及性能 [J]. 复合材料学报, 2008, 25(4): 90-95.

[74] ABBASI F, MIRZADEH H. Adhesion between modified and unmodified poly (dimethylsiloxane) layers for a biomedical application [J]. International Journal of Adhesion & Adhesives, 2004, 24: 247-257.

[75] WIRASAK S, MICHEL N, JACQUES S, et al. Adhesion and self-adhesion of immiscible rubber blends [J]. International Journal of Adhesion & Adhesives, 2008, 6: 1-6.

[76] LI T, YANG Y. A novel inorganic/organic composite membrance tailored by various organic silane coupling agents for use in direct methanol fuel cells [J]. Journal of Power Sources, 2009, 187: 332-340.

[77] 邹德荣. 偶联剂 B 对 RTV 硅橡胶粘接强度的影响 [J]. 中国胶粘剂, 2000, 10(2): 34-36.

[78] 王迎捷, 陈吉华, 赵桂文, 等. 不同偶联剂对瓷和树脂化学粘结的影响 [J]. 口腔医学研究, 2003, 19(6): 436-438.

[79] 牛光良, 王同, 徐恒昌. 硅烷偶联剂的浓度对钡玻璃与树脂基质间粘接强度的影响 [J]. 中国生物医学工程学报, 1999, 18(2): 211-215.

[80] TEE D I, MARIATTI M, AZIZAN A, et al. Effect of silane-based

coupling agent on the properties of silver nanoparticles filled epoxy composites [J]. Composites Science and Technology, 2007, 67: 2584-2591.

[81] RATTANASOM N, SAOWAPARK T, DEEPRASERTKUL C. Reinforcement of natural rubber with silica/carbon black hybrid filler [J]. Polymer Testing, 2007, 26: 369-377.

[82] 章文贡, 王祥金. 填料表面的复合改性研究 [J]. 福建师范大学学报, 1987, 3(4): 46-52.

[83] 史小盟, 戴海林. 填料对硅酮改性聚氨酯密封胶性能影响的研究 [J]. 石油化工, 2003, 32(4): 294-296.

[84] 郑水林. 矿物填料的表面改性 [J]. 国外建材科技, 1995, 16(4): 35-37.

[85] 张雁鸿, 肖建中, 索进平. 不同填料对 PTFE 复合材料硬度的影响 [J]. 中国塑料, 2005, 19(11): 47-49.

[86] WOLFF S, WANG M J, TAN E H. 填料与弹性体间的相互作用(Ⅹ) 填料-填料及填料-弹性体相互作用对橡胶补强性的影响 [J]. 橡胶参考资料, 1994, 24(12): 36-43.

[87] BERND W, FRANK H, ZHANG M Q. Epoxy nanocomposites with high mechanical and tribological performance [J]. Composites Science and Technology, 2003(63): 2055-2067.

[88] 潘大海, 刘梅. 填料并用对双组分室温硫化导热硅橡胶性能的影响 [J]. 有机硅材料, 2005, 19(5): 15-17.

[89] 肖庆一, 钱春香, 解建光. 偶联剂改善沥青混凝土性能及油石界面试验研究 [J]. 东南大学学报, 2004, 34(4): 485-489.

[90] 陈宴, 伍社毛, 赵素合. 增塑剂及其并用体系对丁腈橡胶/聚丙烯热塑性弹性体结构性能的影响 [J]. 橡塑资源利用, 2008, 3: 7-12.

[91] 吴波震, 夏琳, 邱桂学. 增塑剂 DOP 在软 PVC 和 PVC/ABS 共混物中的应用 [J]. 塑料助剂, 2007, 3: 33-40.

[92] 王跃林, 吴利民, 周意生. 增塑剂对充油型硅酮玻璃密封胶性能影响的研究 [J]. 弹性体, 2002, 12(5): 43-45.

[93] 余下, 慧琴, 刘晓红. 增塑剂对硅橡胶硫化胶性能的影响 [J]. 弹性体, 2005, 15(6): 29-32.

[94] MICHAEL E P, RICHARD B B, KYUNG L R, et al. One-component

room temperature vulcanizing-type silicone rubber-based sodium-selective membrane electrodes [J]. Analytica Chimica Acta, 1997, 355：249-257.

[95] 袁素兰，王有治，卢麟，等. 脱羟胺型有机硅密封胶的研制 [J]. 有机硅材料，2006, 20(5)：252-255.

[96] 曹云来. 单组分建筑用石材硅酮密封胶的研制 [J]. 粘接，2007, 28(2)：27-28.

[97] 王有治，袁素兰，卢麟，等. 采光顶用有机硅密封胶的研制 [J]. 有机硅材料，2006, 20(2)：70-74.

[98] 冯圣玉，张洁，李美江，等. 有机硅高分子及其应用[M]. 北京：化学工业出版社，2004.

[99] 黄李桃，田德余，刘剑洪. 硅橡胶弹性体的制备及其力学性能的研究 [J]. 化学与粘合，2008, 30(1)：34-37.

[100] 徐晓明，高传花，林薇薇，等. 酮肟基硅烷扩链/交联低模量有机硅密封胶的制备及性能 [J]. 高分子材料科学与工程，2007, 23(4)：219-225.

[101] NIKLAS W. Increasing the tensile strength of HTPB with different isocyanates and chain extenders [J]. Polymer Testing, 2002(21)：283-287.

[102] CHUANG F S, TSEN W C, SHU Y C. The effect of different siloxane chain-extenders on the thermal degradation and stability of segmented polyurethanes [J]. Polymer Degradation and Stability, 2004 (84)：69-77.

[103] 邹鹏. 二醇扩链剂对热塑性聚氨酯性能的影响 [J]. 科技情报开发与经济，2005, 15(14)：141-142.

[104] 刘凉冰，贾林才，刘红梅. 扩链剂对基于聚酯/MDI 聚氨酯弹性体力学性能的影响 [J]. 化学推进剂与高分子材料，2007, 5(3)：27-32.

[105] 曹泰岳，王宁飞，等. 轻金属颗粒燃烧理论研究进展 [J]. 推进技术，1996, 17(2)：82-87.

[106] 罗雪方，赵秀丽，白战争，等. 多官能扩链剂对水性光敏聚氨酯丙烯酸酯性能的影响 [J]. 化学与粘合，2009, 32(2)：37-40.

[107] 王利华，龙光芝，杨李. 活性填料改性硅橡胶胶粘剂及其应用 [J]. 中

南民族大学学报，1997，16(1)：51-54.

[108] DEBNATH S，RANADE R，WUNDER S L，et al. Interface effects on mechanical properties of particle-reinforced composites [J]. Dental Materials，2004(20)：677-686.

[109] KUESENG K，JACOB K I. Natural rubber nanocomposites with SiC nanoparticles and carbon nanotubes [J]. European Polymer Journal，2006，42：220-227.

[110] 黄祖长. 用原位生成的白炭黑补强 NR：与白炭黑补强胶料的对比 [J]. 橡胶参考资料，2002，32(2)：25-28.

[111] WANG X P，JIA D M，CHEN Y K. Structure and properties of natural rubber/montmorillonite nanocomposites prepared by mixing intercalation method [J]. China Synthetic Rubber Industry，2005，28(2)：145-152.

[112] 罗穗莲，潘慧铭，王跃林，等. 碳酸钙对 RTV 硅橡胶密封胶的补强研究 [J]. 华南师范大学学报，2009，2：62-65.

[113] 胡秉双，张鸿波，刘会杰. 无机矿物补强橡胶的研究现状与展望 [J]. 煤炭加工与综合利用，2006，1：43-46.

[114] BACCARO S，CATALDO F，CECILIA A，et al. Interaction between reinforce carbon black and polymeric matrix for industrial applications [J]. Nuclear Instruments and Methods in Physics Research B，2003，208：191-194.

[115] MADHUCHHANDA M，ANIL K B. New insights into rubber-clay nanocomposites by AFM imaging [J]. Polymer，2006，47：6156-6166.

[116] 黄祖长. 橡胶复合材料中白炭黑和有机陶土的填料网络：补强性和动态力学性能 [J]. 橡胶参考资料，2003，33(5)：1-5.

[117] WOLFF S，WANG M J. Filler-elastomer interactions. Part Ⅳ. The effect of the surface energies of fillers on elastomer reinforcement [J]. Rubber Chem. Technol.，1992，65：329-342.

[118] 赵青松. 丁苯橡胶中填料网络结构及材料动静态力学性能的研究[D]. 北京：北京化工大学，2007.

[119] 李萌. 改性白炭黑的制备及性能研究[D]. 沈阳：沈阳工业大学，2008.

[120] 周亚斌. 羧酸改性纳米碳酸钙补强三元乙丙橡胶的研究[D]. 上海：上

海交通大学，2006.

[121] MOSHEV V V, EVLAMPIEVA S E. Filler-reinforcement of elastomers viewed as a triboelastic phenomenon [J]. International Journal of Solids and Structures, 2003, 40: 4549-4562.

[122] SUSY V, TRIPATHY D K. 橡胶-填料相互作用的研究：动态机械热分析法 [J]. 橡胶参考资料, 1993, 23(6): 59-62.

[123] 杨茹果, 谢红刚, 白少敏, 等. 无机填料对低硬度聚氨酯弹性体性能的影响 [J]. 特种橡胶制品, 2006, 27(1): 26-28.

[124] 王贵一. 用橡胶加工分析仪(RPA)研究白炭黑-硅烷填料系统 [J]. 世界橡胶工业, 2003, 30(2): 30-35.

[125] 黄祖长. 橡胶复合材料中白炭黑和有机陶土的填料网络：补强性和动态力学性能 [J]. 橡胶参考资料, 2003, 33(5): 1-5.

[126] ANSARIFAR A, AZHAR A, IBRAHIM N, et al. The use of a silanized silica filler to reinforce and crosslink natural rubber [J]. International Journal of Adhesion & adhesives, 2005, 25: 77-89.

[127] LAN L, ZHAI Y H, YONG Z, et al. Reinforcement of hydrogenated caboxylated nitrile-butadiene rubber by multi-walled carbon nanotubes [J]. Applied Surface Science, 2008, 7: 1-5.

[128] 彭华龙, 刘岚, 罗远芳, 等. 含硫硅烷偶联剂对天然橡胶/白炭黑复合材料力学性能及动态力学性能的影响 [J]. 高分子材料科学与工程, 2009, 25(6): 88-91.

[129] LASZLO S, ANDAS P, BELA P. Factors and processes influencing the reinforcing effect of layered silicates in polymer nanocomposites [J]. European Polymer Journal, 2007, 43: 345-359.

[130] 庄清平. 白炭黑与单分散二氧化硅粒子补强橡胶的差异 [J]. 橡胶工业, 2004, 51(3): 138-142.

[131] 杨茹果, 谢红刚, 白少敏, 等. 无机填料对低硬度聚氨酯弹性体性能的影响 [J]. 特种橡胶制品, 2006, 27(1): 26-28.

[132] 任碧野, 罗北平, 徐颂华. 海泡石的表面有机改性及其对橡胶的补强 [J]. 化学世界, 1997, 11: 563-566.

[133] 鞠昌迅, 王娟, 马晶, 等. 白云母的表面改性研究 [J]. 塑料助剂, 2008, 1: 40-44.

[134] 王英丽，李娟. 气相白炭黑在室温硫化（RTV）硅橡胶中的应用 [J]. 昌吉学院学报，2007，3：49-52.

[135] 武卫莉. 用 KH550 改性白炭黑增强 SBR/BR 并用胶研究 [J]. 弹性体，2009，19(1)：41-45.

[136] LEBLANC J L. Rubber-filler interactions and rheological properties in filled compounds [J]. Progress in Polymer Science，2002，27(4)：627-687.

[137] 朱永康. 用有机硅烷改性的白炭黑作羧基丁腈橡胶（XNBR）的填料 [J]. 橡胶参考资料，2006，36(4)：32-35.

[138] 李光亮. SiO_2 填料对硅橡胶性能的影响 [J]. 合成橡胶工业，1991，14(6)：433-436.

[139] 王韶辉. 胶料加工对填料絮凝作用的影响 [J]. 橡胶参考资料，2001，31(4)：10-16.

[140] 纙村知之. 粘接的界面化学 [J]. 粘接，2002，23(1)：3-5.

[141] 陶婉蓉. 界面化学（三）固固界面结合 [J]. 化学世界，1986，10：472-476.

[142] YONGSOK S，TRAN H N. Enhanced interfacial adhesion between polypropylene and nylon 6 by in situ reactive compatibilization [J]. Polymer，2004，45：8573-8581.

[143] OCHI M，TAKAHASHI R，TERAUCHI A. Phase structure and mechanical and adhesion properties of epoxy/silica hybrids [J]. Polymer，2001，42：5151-5158.

[144] 文明，刘易，王新芳，等. 耐碱玻璃纤维与树脂界面剪切强度的实验测定 [J]. 南昌大学学报，2007，29(3)：291-306.

[145] 欧迎春，马眷荣. 界面性质对夹层玻璃粘结性能的影响 [J]. 化学与粘合，2004，4：191-193.

[146] 秦特夫. 改善木塑复合材料界面相容性的途径 [J]. 世界林业研究，1998，3：46-51.

[147] 苏修梁，张欣宇. 表面涂层与基体间的界面结合强度及其测定 [J]. 电镀与环保，2004，24(2)：6-11.

[148] 李潇，汪维健，牛书铭，等. 牙本质表面状态对酒精-水基粘接剂强度和界面影响的微拉伸及 TEM 研究 [J]. 广东医学，2004，25(1)：19-21.

[149] WEISS H. Adhesion of advanced overlay coatings：mechanism and quantitative assessment [J]. Surface and Coatings Technology，1995，71：201-207.

[150] HYONG-JUN K，KI-JUN L，YONGSOK S. Enhancement of interfacial adhesion between polypropylene and Nylon 6：Effect of surface functionalization by low energy ion-beam irradiation [J]. Macromolecules，2002，35(4)：1267-1275.

[151] 熊光晶，李毅强，罗白云，等. 硅烷偶联剂改善新老混凝土修补界面层机理初探 [J].工业建筑，2005，35(9)：105-106.

[152] NISHDA Y，OHIRA G. Modeling of infiltration of molten metal in fibrous preform by centrifugal force [J]. Acta Mater，1999，47(3)：841-852.

[153] 贾宝新. 提高硅橡胶撕裂强度和粘接强度的研究 [J]. 火箭推进，2005，31(5)：43-46.

[154] 张建伟，蔡鸣. 橡胶-钢片-硫化黏合体 180 度剥离行为研究 [J]. 中国胶黏剂，1997，6(3)：43-45.

[155] 吴振耀，武翠霖，杨卫. 三元乙丙硫化胶中无机填料与橡胶相互作用的研究 [J]. 合成橡胶工业，1987(5)：50-54.

[156] 张慧莉，娄宗科，田堪良. 几种填封材料在渠道防渗工程中的应用比较 [J]. 水土保持研究，2002，9(2)：26-28.

[157] 寿崇琦，张志良，邢希学. 水泥混凝土路面填封材料的研究 [J].公路，2005，2：113-115.

[158] 杨爱仙. 改性乳化沥青稀浆封层在高等级公路养护中的应用 [J]. 黑龙江交通科技，2004，27(6)：41-42.

[159] 何远航,张荣辉. 水性环氧树脂改性乳化沥青在公路养护中的应用 [J]. 新型建筑材料，2007，34(5)：37-40.

[160] 梁国彪. 高性能快速修补混凝土在公路养护工程中的应用 [J]. 湖南交通科技，2007，33(2)：50-52.